接受幸福的勇气

人生幸福的行动指南

〔日〕岸见一郎 著

陆贝旎 译

幸福の哲学

アドラー × 古代ギリシアの智恵

机械工业出版社

CHINA MACHINE PRESS

面对生命中无法避免的悲伤：亲人的故去，亲子、同事、朋友关系的崩溃，工作的无助，疾病的折磨……你是否还相信自己能够得到幸福？关于幸福是什么、我们的幸福根植于何处，你可曾有过动摇？日本知名哲学家、心理学家、日本阿德勒心理学会顾问岸见一郎集"自我启发之父"、著名心理学家阿德勒的深刻见解和古典哲学思想之大成，从死亡边缘回返人世，结合自身的经历与思索，为我们揭示人生幸福的终极奥义：每一个人都应该转换思考的角度和方式，坚守日常幸福的细节和瞬间，与那些为我们所珍视的人们一起，认真而努力地生活下去。

《KOUFUKU NO TETSUGAKU ADORAA × KODAI GIRISHA NO CHIE》

© Ichiro Kishimi 2017

All rights reserved.

Original Japanese edition published by KODANSHA LTD.

Publication rights for Simplified Chinese character edition arranged with KODANSHA LTD. through KODANSHA BEIJING CULTURE LTD. Beijing, China

本书由日本讲谈社正式授权，版权所有，未经书面同意，不得以任何方式作全面或局部翻印、仿制或转载。

北京市版权局著作权合同登记　图字：01-2017-4107号

图书在版编目（CIP）数据

接受幸福的勇气：人生幸福的行动指南/（日）岸见一郎著. 陆贝旎译. —北京：机械工业出版社，2017.7（2025.2重印）

ISBN 978-7-111-57478-1

Ⅰ.①接…　Ⅱ.①岸…②陆…　Ⅲ.①幸福-通俗读物
Ⅳ.①B82-49

中国版本图书馆 CIP 数据核字（2017）第176747号

机械工业出版社（北京市百万庄大街22号　邮政编码100037）
策划编辑：坚喜斌　　责任编辑：刘林澍　杨　冰
责任校对：赵　蕊　　版式设计：张文贵
责任印制：刘　媛
涿州市京南印刷厂印刷
2025年2月第1版·第13次印刷
145mm×210mm·7.5印张·110千字
标准书号：ISBN 978-7-111-57478-1
定价：42.00元

凡购本书，如有缺页、倒页、脱页，由本社发行部调换

电话服务　　　　　　　　　　网络服务
服务咨询热线：010-88361066　机工官网：www.cmpbook.com
读者购书热线：010-68326294　机工官博：weibo.com/cmp1952
　　　　　　　010-88379203　金书网：www.golden-book.com
封面无防伪标均为盗版　　　　教育服务网：www.cmpedu.com

前　言 PREFACE

　　我不记得这是哪一年的事了，不过有一年的十二月，临近新年的某一天，父亲曾在家门前烤火。

　　"今年还挺暖和呀。"

　　"真的呢。"

　　我已记不清除了像这样的对话之外还与父亲说了些什么。不过，我还记得他说天气那么暖和，不像马上就要过年了，而我当时对此深表赞同。现在回想起来，这些我与父亲不经意间共度的片刻时光，是很珍贵的。

　　在说起"人为什么而活"这个话题时，有的人会说出一些豪言壮语，比如"为了成功"。但我对那种狂妄的想法不屑一顾。小时候和父亲在一起时我感到很幸福，现在也觉得只要有像那样的瞬间就够了。

　　然而，我与父亲的关系并不是从一开始就那么好的。在我还是个小学生的时候，父亲也打过我。对此我一直耿耿于怀，也因此一直无法向父亲敞开心扉。

　　另一方面，我和母亲的关系却很好。我提出要学习哲学的时候，遭到了父亲的强烈反对。他虽然不懂哲学是什么，但可能从别人那里听说了靠哲学是无法维持生计的。而且父亲那一代人对留下"不可解"遗言而投水自尽的旧制一高（东京帝国大学预科第一高校）的学生藤村操的事迹想必也很有印象吧。

那时，介入我与父亲之间，保护了我的人是我的母亲。母亲也不懂哲学，但后来我才知道，她对我父亲说，要相信我所做的一切都是正确的，所以看着我做下去就好，然后就这样说服了他。

母亲四十九岁时因为脑梗塞去世了。当时我还在上学。曾经我一直想着结婚后和父母一起度过幸福的人生，所以母亲去世的时候，我觉得自己心中的人生计划崩塌了，尽管这个计划本身也还很模糊。同时我也不禁想到，如果像母亲那样面临死亡，卧床不起，就算有再多的钱，再高的社会地位，也是毫无意义的。

日复一日，在母亲的病床前，看着失去了意识，一动也不动的她，我一直在思考：像这样的状态，还有活下去的意思吗？幸福到底是什么呢？

母亲突然病倒时，我正在读哲学专业的研究生。当时，我原本每周都会参加在哲学老师家举行的读书会。因为要照顾母亲，就无法出席了。我给老师打电话，告诉他暂时没法去读书会，老师说："越是这种时候，哲学越是有用。"

世人常说哲学无用，我也从没想过"有用"这个词也能用来形容哲学，因此老师的话给我留下了深刻的印象。

听了这位老师的话，我想起柏格森曾经说过：

"我们究竟从何处来？来这世上做什么？又要往何处去？哲学如果不能解答这些非常重要的问题……那么就算人们声称它是不值得浪费哪怕一个小时的东西，我们也无话可说。"

我在母亲的病床前埋头阅读柏拉图关于灵魂不朽的论著，以及柏格森论述人脑和失语症之间关系的著作。正如我的老师所说的，哲学确实"有用"。在我还是小学生的时候，大约一年的时间里，祖父、祖母和弟弟都因病故去。自从经历过那一年之后，我就一直在以哲学的方式追寻那些问题的答案，但直到那一刻我才真正体会到，我的追寻是正确的。

我在母亲的病床边度过了三个月。当我带着母亲的遗体回到家里时，我发现自己已经从预想的人生轨道上轰然脱轨了。

母亲死后，我与父亲的关系变得很紧张。因为原本在我们之间起缓冲作用的母亲不在了，我和父亲就会直接起冲突。不过，我们的关系最终也因为我人生中的一次邂逅发生了转变。

母亲死后，我很快就结婚了。五年后有了孩子。养育孩子并不像想象中那样顺利，这期间我接触到了奥地利精神科医生阿尔弗雷德·阿德勒创立的个体心理学。

阿德勒并不是一个仅仅对人的内心进行分析，对现实进行事后解释的心理学家。他对人生的意义和幸福都有所论述。他的思想并不是 20 世纪初突然出现在维也纳的，而是和我的专业希腊哲学一样，有着正统的地位。

总的来说，阿德勒的理论根据并非原因论而是目的论。柏拉图认为幸福是人活着的目的，他把幸福的可能性与灵魂应有的状态相联系，从目的论的角度进行论述。柏拉图还认为借助理智引导灵魂，能够使人获得幸福，因此人为了变得幸福必须首先要知道什么是善。但我认为柏拉图的理论并没有具体说明实际上我们到底应该掌握什么样的知识，才能最终达到幸福。而阿德勒则从人际关系中寻求理智的本质，并对目的论在教育和临床中的实践应用产生了兴趣。

我最开始听关于阿德勒哲学的课时，那门课的讲师奥斯卡·克里斯滕森说了下面这段话：

"今天，听过我的话的人，从现在这一瞬间开始，就能变得幸福。但是，今天不能变得幸福的人，永远都不会变得幸福。"

我惊呆了，同时也不禁产生了强烈的排斥感。因为母亲年纪轻轻就去世了，父亲与我总有矛盾，而我的孩子给我增添了巨大的负担，这样的情况下我如何能够幸福？然而另一方面我也想到，恰恰在这样的情况下，如果我也能变得幸福，那么也许就能知道克里斯滕森是不是在夸大其词了。

我在看哲学家的肖像画或者照片时，说实话并不觉得他们看上去很幸福，谁都是一副不高兴的表情。一时半会还想不出有哪位哲学家是满面笑容的。既然如此，我决心首先要让自己变得幸福。

但是，即使下了那样的决心，如果只是拱手坐着，就什么也不会发生。在思考怎样才能变得幸福的过程中，我想首先处理一下和父亲的关系。因为我在接触到阿德勒的思想后学到的一点就是，人际关系是幸福的关键。

我们在处理人际关系时难免遇到摩擦，被讨厌，被憎恨，被伤害。所以，有人会觉得，与其遭受那样的对待，不如从一开始就不要和别人建立关系。他们会这样想也不奇怪。

但是另一方面，人只有在人际关系中才能感受到活着的喜悦和幸福。何况，别人也就算了，可对方是自己的父亲，无论关系多么恶劣也不可能避开。既然如此，我想，与其逃避与父亲的关系，不如深入其中。

我和父亲的关系当然不是一时半会儿就改善了。但是，从前我们哪怕仅仅同处一个空间，空气里就会充满紧张感，而现在我们的关系不再是那样的了。后来，在某一年的年底，就像我最开始写的那样，我和父亲终于迎来了安稳相处的日子。

然而那以后，我因为心肌梗塞倒下了。后来父亲也得了老年痴呆症，我必须照顾他，困难的日子持续了很久。

不过那个时候，我已经领悟到，人不会因为经历某些事情就变得不幸或者幸福。柏拉图和阿德勒都认为从目的论的视角来看，经历了什么不会成为不幸或幸福的原因。人不是"变得"幸福，而是原本就"是"幸福的。

母亲不是因为久病不愈而不幸；我的病好转了，但我也没有因为病好了就幸福；父亲有多年的老年痴呆症，但他也没有因此而变得不幸，纵然与疾病的斗争对于他本人和家人来说都是一种苦难。

说起来，不仅仅是在罹患疾病之时，活着本身就是痛苦的。所以不用以先苦后甜的道理来安慰自己，也不要把这痛苦仅仅当成痛苦，我们可以把它当成带来幸福的精神食粮。

无论多么痛苦的日子，在那些一不小心就会溜走的瞬间中，才潜藏着真正的幸福。无论我们处在何种境地，这些微小的幸福才是真正的幸福。

这正是母亲在病床上教给我的道理。她生病之前，我曾教过她德语。有一次母亲对我说，想要我把那时用过的教科书带到医院来。当我再次开始教母亲德语时，尽管她病着，我也是幸福的。母亲大概也是一样的。

我因为心肌梗塞而病倒的时候，不由得想起了那段在母亲病榻前度过的日子。母亲最终失去了意识，但只要她还活着我就很高兴了。而当我自己也像那时的母亲一样卧床不起，我花了很多时间才令自己确信，我还活着这个事实对于别人来说也是一种喜悦。并且最后我也发现，就算什么也做不了，我也能为他人做出贡献。

住院期间，一开始我总是害怕晚上睡着了就再也醒不过来。但是一旦接受了自己无能为力的事实，就能安心入眠。然后，忘掉自己曾经差点死掉，也不去想自己什么时候会死，今天的我只为今天而活。

正是因为我能够这样想，所以才能在每一天不经意的瞬间中感受到幸福。不需要美梦成真，我也能体会到自己在此时此地是幸福的。所以，像这样的幸福，与得失无关。

和父亲一起烤火，和母亲一起学德语，这些都是令我感到幸福的细碎瞬间。

活着的目的，不能与这样的瞬间有所矛盾。

不过，也有人会认为幸福有着不同于这些的形式。他们对日常的微小幸福不屑一顾，认为只有成功才是幸福。我在思考成功的时候，经常会想起下面这个故事。

那是马其顿国王亚历山大拜访继承了苏格拉底流派的希腊哲学家第欧根尼时发生的事。第欧根尼把日常需要缩减到最低程度，过着自给自足的生活。亚历山大继承了马其顿王位后，被选为征讨波斯的总司令，当时许多政治家和哲学家都前去祝贺他，只有第欧根尼完全不把亚历山大当回事，悠闲地过着自己的日子。于是亚历山大亲自去拜访住在科林斯（希腊的一个城市）的第欧根尼。

第欧根尼正好在晒太阳。因为突然来了很多人，他便稍稍起身，盯着亚历山大。亚历山大向他问好，并且问他："你有什么想要的东西吗？"第欧根尼却说："你把阳光挡住了，能往边上挪一挪吗？"

旁人惊讶不已，亚历山大却非常佩服第欧根尼的骄傲，传说他说了这样一句话："假如我不是亚历山大，我想做第欧根尼。"

一方是庞大帝国的王者，一方是一无所有的哲学家。亚历山大对两手空空，却视权威如无物的第欧根尼的为人发出了由衷的赞叹。然而亚历山大必须出发远征亚细亚，最终他没能再次踏上希腊的土地，在三十四岁时英年早逝。

亚历山大本应在当时当地就得到幸福。恐怕当他站在第欧根尼面前时，自己也心知肚明。然而尽管如此，他还是坚信另外还有与此截然不同的幸福存在。对于亚历山大来说，那源于与敌人战斗并最终征服敌人的荣耀。其实，即使没有这些，他明明已经是幸福的人了。

在这本书中，我主要立足于柏拉图哲学和阿德勒的思想，结合自己的见解，对幸福进行论述。柏拉图站在目的论的出发点上，承认自由意志，并明确指出了人类的责任所在。阿德勒的想法基本与其相同，但他把柏拉图没有充分论述的人际关系作为了主要问题。假设幸福离不开人际关系，那么在我们围绕关于幸福的问题展开更为实践性的思考时，阿德勒的思想就是非常有用的。

我一直都认为，人们既然前来寻求帮助，我就决不能提供给他们无法改变他们人生的咨询，哪怕一次也不行。看完本书，我想读者们应该可以明白一个道理，那就是，幸福无需去远方寻找，它本来就存在于我们身边。

目 录 CONTENTS

第 1 章　幸福是什么

人并非"变得"幸福，幸福本来就"存在"。

明白这个道理的人不用非要等到自己实现了什么，

也能在日常的瞬间中感受到幸福。

人们经常把幸福和成功或幸运划等号。本章我们首先要明确的一点就是，幸福与成功、幸运，还有所谓的幸福感都是不同的。在此基础上，我们将探讨幸福到底是什么。

幸福的定义

　　当我们在思考"人如何才能变得幸福"这个问题的时候，首先必须要问一问"幸福是什么"。因为如果不知道幸福是什么，我们就不知道怎么做才能变得幸福。但问题是，幸福是无法定义的。柏拉图的《对话录》也是从试图给幸福下定义开始的，但直到最后他也没有成功，结果在我们还没有得到答案的时候，对话就结束了。不过，在我们最终得出结论之前的整个过程并不是毫无意义的，因为这个过程为我们指明了通往答案的方向。

当然，即使我们成功地定义了幸福，并且理解了这个定义的含义，也不可能因此就立刻变得幸福。这就像，即使我们知道想去的地方在地图上的位置，但实际上还一步也未迈出。如果仅凭理解幸福的定义就能变得幸福，那么任何人都是幸福的了。

然而实际上，即使我们知道目的地在地图上的位置，也知道该往哪个方向出发才能到达那里，但在出发前不经意地一抬头，我们可能会发现眼前竟然就是出乎意料的大好风光。

这么看来，人并不是对幸福一无所知的。因为我们不需要像对待一个未知事物一样去试图理解它。其实，我们要么已经经历了幸福，要么就是经历了幸福而不自知。

幸福就像空气。空气存在的时候谁也不会注意到它。只有当空气消失的时候，人们才领悟到它是生命之必需。幸福也是如此，只有在失去它的时候，人才会说自己经历过幸福。所以，人什么时候会失去幸福呢？失去幸福的时候又会有什么样的感受呢？从对上述两点的观察中，我们能够发现解答"幸福是什么"这个问题的契机。

普遍性的人生意义是不存在的

阿德勒曾说："一切烦恼都源自人际关系。"只要与他人建立关系，就会产生这样那样的摩擦，没有人不曾在人际关系中受挫。从这层意义上来说，人际关系就是烦恼和不幸的源泉。因人际关系而烦恼的人，甚至会产生一些消极的想法，比如，像这样只有痛苦的人生还有活下去的价值吗？这样的人生还有意义吗？但反过来说，如果他们能在人际关系中感受到幸福，也许就会觉得人生是有价值的。在思考幸福和不幸的时候，首先必须要考虑的一点是，我们应该怎样看待自己的人生。

有一次，有人问阿德勒："人生的意义是什么？"他的回答如下：

"人生意义是不存在的。"

阿德勒的演讲录中确实是这样记录的。但是，阿德勒的这句话还有后续：

"人生的意义，是你自己赋予的。"

看了这句话，我们就明白了，阿德勒并不是真的认为"人生意义不存在"，他认为适用于任何人的，或者说世人口中所谓的常识性、普遍性的人生意义是不存在的。

人生的意义是什么，这个问题无疑是哲学的核心问题之一。

我们经常会想当然地认为哲学是抽象的。其实，哲学是具象的。举个例子，假设枝头栖息着五只麻雀，其中一只被枪击落，还剩几只麻雀？对于这个问题，如果从算数的角度出发，那么正确答案应该是四只，但实际上，所有的麻雀都会被枪声吓跑。算数只考虑数字符号，并不考虑麻雀因为枪声受到惊吓的事实。所谓的抽象，指的是抽取事物的一个方面而舍弃其他方面。从这个意义上来说，算数是抽象的。这种抽象性不仅是算术所具有的，在经济学和政治学中也可以看到。

小学时，我开始思考死亡。这成为了我对哲学产生兴趣的契机。但我想知道的并不是普遍性的死亡，而正是

"我本人"的死亡到底是什么。

如果不考虑"我"这个要素，对于一般性的，或者说普遍性的死亡的研究方法就是科学。通过这种研究得出的结论确实具有普适性，但是却不适用于我本人。我无法抛却这个想法。在接触阿德勒的思想之前，我对心理学不感兴趣，就是因为我认为心理学不能解答关于"我本人"的问题。

人生有无意义？在回答这个问题时我们不能将现实的各种条件抽象化，必须进行具体的思考。

阿德勒经常引用希腊神话中的盗贼普罗克拉斯提斯的故事。普罗克拉斯提斯劫来旅人，强迫他们睡在一张铁床上，如果旅人的身体短于床铺，他就强拉他们的头和腿，使他们与床齐长；如果旅人的身体长于床铺，他就将他们伸出床铺的腿砍掉。如果像这样只从现实中抽象出与理论相符合的方面，迫使现实与理论一致，那么我们就无法正确地认清现实了。反过来说，如果我们关注的不是普遍性的答案（假设这个问题一定有答案），而仅仅是经验之谈，那么即使它能适用于自己，对别人也是无用的。

人生的意义是什么？幸福是什么？当我们提出问题的

时候，虽说不是在把现实抽象化和一般化，也总是在寻求
并非个人经验的普遍性的答案。

当然，答案不是马上就能找到的。但普遍性的答案就
像自动贩卖机里那些塞进硬币就会落下的罐装果汁，它们
千篇一律，索然无味。

活着的意义

人活着是有意义的吗？人生值得我们活下去吗？认为
自己幸福绝顶的人，可能根本不会产生这种疑问。也许我
们本来并不觉得自己不幸，或者根本不曾考虑过自己是否
幸福这个问题，却突然经历了一些让我们感到失去幸福的
事，这时我们才会思考人生的意义。

比如说，一旦生了病，即使是从前一点也没有意识
到自己幸福与否的人，也会深感生病前的时光是幸福
的。一旦失去了这份幸福，从前只会带给自己痛苦的工
作也好，健康时产生过的这样那样的不满也好，现在想
来也是幸福的。

家人病倒的时候生活会发生突然的变化。我母亲

因为脑梗塞倒下的时候，父亲、我，还有妹妹都必须专心照看她。因为我们轮流照顾她，所以回到家里时也经常只有一个人。那时我曾突然想到"家庭破裂"这样的词语。父亲、母亲、我，还有母亲病倒时已经嫁出去了的妹妹——这一家子，或许不久之前就已经不存在了。

我因为心肌梗塞病倒的时候，在床上动弹不得。当时我觉得自己丢了工作，只会给家人添麻烦，所以不值得活下去——没有活着的意义。而且我也觉得，什么也做不了的人生是没有价值的。

那么，如果病好了，就能够再次发现活着的意义吗？就能够重新获得幸福吗？人们常说生了病才知道健康的可贵，但这是以能够重获健康为前提的。如果得了不治之症，就只剩绝望了吗？

作家北条民雄得了麻风病之后，从此只关注"对生命的热爱"，他说他已经明白了"生命本身的绝对重要性"（《生命的初夜》）。一个人不会因为发生了某些不好的事就变得不幸，而无论发生什么也不会动摇的绝对幸福或许也是存在的。如果真是这样，那么我们必须考虑的事物还有许多。

活得好

说起来，如果我们不认为人生是有活下去的价值的，那么也不会觉得自己幸福了。

阿德勒说过："有太多人一心只为仅仅活着而已，却活得困难。"（《理解人性》）

关于阿德勒说的"仅仅活着"，柏拉图也说过：

"真正重要的事情不是仅仅活着，而是活得好。"（《克里托篇》）

当然了，能够活得长久是一件可喜可贺的事。但是我们不能只把注意力放在活得长久这一点上，不能一心只为仅仅活着而已，活得好才是最重要的。

谁也不知道自己能活多久。但是，不满足于人生"仅仅活着"的人，就会意识到"活得好"的重要性。

阿德勒还说过这样的话。

"人生是有限的，但作为值得我们活下去的东西，它

已经足够长了。"(《儿童教育心理学》)

阿德勒在这句话里提到的"值得活下去",指的或许就是"有人生意义"。

虽然刚才我说过幸福是失去后才知道的东西,但实际上,从来不曾认为人生有意义的人是很少的。会这么想的人,要么是因为现在有一些理由(这些理由是什么,我们稍后再作考虑)使得他们无法联想到幸福,要么是因为他们寻求幸福的方向错了,也可能他们明明已经经历了幸福,却对此毫无察觉。

谁都想要幸福

从古希腊时代以来,幸福就是所有人共同的愿望。

苏格拉底有一个被认为是悖论的命题:"无人自愿作恶。"(柏拉图《美诺篇》)这句话换一种方式说就是人皆向善。但实际上日常生活中向恶的人也是存在的,所以这个命题才被称为悖论。

以正义为例,如果有人是迫于无奈才做正义的事情,那么就不能说这个人的本心是正义的。如果有机会可以在不为人知的情况下行不义之举，也许谁都会犯下错误。

柏拉图讲过一个关于吕底亚的牧羊人盖吉兹的故事（《理想国》）。有一日，天下着大雨，忽然地震，地面裂开，出现了一个大洞。盖吉兹进入这个洞中，发现了一具尸体。这具尸体一丝不挂，只有手指上戴着一枚黄金戒指。他便取下这枚戒指离开。很快他就发现，只要把戒面转向自己的手心，他就可以隐身。把戒指转向外侧就又能现形。盖吉兹发现这个秘密后，就与他所侍奉的吕底亚王的妃子私通，之后他们合谋杀死国王，夺取了王位。

记载了这个故事的《理想国》中，有一位登场人物格劳孔。他认为，在知道这个戒指的功能的情况下，还能坚守正义，始终不向他人所有物伸手，具有钢铁般坚固操守的人是不存在的。以此观之，所谓"无人自愿作恶"或许也是不成立的。

对此，苏格拉底应该会这样诘问：真的有人有意为恶，而且还明知故犯吗？作恶是因为他们认为这样对自己有好处，还是因为他们相信这样对他人有害呢？

假设向恶之人确实存在，那也是因为此人不知这所谓的恶并不会对自己有利。没有意识到这一点，却把恶当成善而为之的人，显然是向善的。

苏格拉底和美诺之间有过如下对话。这段对话中苏格拉底向美诺确认，寻求恶的人明知这恶对自己有害，而受了害的人仅在受害这一点上是痛苦的。

苏格拉底：痛苦的人难道不是不幸的吗？

美诺：我以为是这样。

苏格拉底：有没有自愿遭受不幸的人？

美诺：我想没有。

苏格拉底：可是，如果没人会向往不幸，那就没人会追求恶的东西。因为除了追求和拥有恶之外，还有什么会导致不幸呢？

美诺：看来你说得对，苏格拉底，没有人会向往恶的东西。

这里所说的"恶"，与其反面"善"一样，并没有道德层面的含义，而是分别具有"无益""有利"的意思。恶带来危害，使人痛苦，而这里的痛苦换言之即是"不幸"。如果是这样，那么刚才故事里的盖吉兹正是认为他所犯下的不义之举对自己有利，也就是说，这"不义"对他来说恰恰是"善"。

这样看来，"无人自愿作恶"这个命题虽然可以说是悖论，但这个命题实际上只是"没有人会想要对自己无用的东西"和"没有人会想要不幸"的意思。倒不如说，这是理所当然的。谁都不想变得不幸，谁都在寻求幸福。我们想要变得幸福。但是，什么是善，也就是说什么是对自己有利的东西呢？什么又是幸福呢？对这些问题的判断是因人而异的。而人们往往都会对此做出错误的判断。

最幸福的人

希罗多德的《历史》中，有一段古希腊七贤之一的雅典政治家梭伦与拥有莫大财富而闻名于世的吕底亚最后一任的国王克洛伊索斯的对话。后来，波斯大军占领了吕底亚首都萨第斯，国王成为了阶下囚。梭伦与他的会面是在那之前发生的事情。

梭伦在雅典即将爆发内乱之际制定了法律，在统治者保证不会更改这些法律的条件下，他踏上了旅途，打算在外游历十年。梭伦在萨第斯拜访克洛伊索斯时，克洛伊索斯向他提了这样一个问题。

"来自雅典的客人哟，我们都知道你为了寻求智慧和知识周游天下，见多识广。那么，您所见过的人当中，最幸福的人是谁呢？"

克洛伊索斯在提问的时候深信自己当然是世界上最幸福的人。然而，梭伦却给了他另一个人的名字，雅典的特勒斯。

惊讶的国王又问，为什么说特勒斯是幸福的？

特勒斯出生在一个繁荣的国家，生活富裕，膝下有一群优秀的儿孙。他在雅典与邻国埃勒西斯的战争中，前去支援己方军队，并在打败敌人后英勇战死。雅典人在他的战死之地为他举行国丧，以表彰他的名誉。

一个人无法选择出生在哪个国家。如果能相信自己与自己所在的国家是一体的，作为一个整体共同繁荣，国家不会妨碍自己的前程，而且还能帮助自己实现幸福的生活。如果克洛伊索斯能这样想，或许就能认同梭伦所说的，即特勒斯是最幸福的人了。

活着就是痛苦

克洛伊索斯又问梭伦，除了特勒斯，还有谁是最幸福的人？他以为至少这回能听到自己的名字。但梭伦却说是克列欧毕斯和比顿两兄弟。

有一次，兄弟俩带着母亲去参加赫拉女神的祭典。本来打算让母亲坐着牛车去神庙，但他们的牛还在田里，时间却来不及了，于是两人就亲自拉着牛车，把母亲送到了神庙。

他们的母亲为孝顺的儿子们向神祈祷，愿神赐予他们作为人所能得到的最好的东西。于是，献祭和宴饮结束后，兄弟二人就在神庙中睡去，再也没有醒来。

这个答案又令克洛伊索斯失望了。确实，就算不是克洛伊索斯，也没有人会觉得对于孝顺父母的孩子来说，最高的幸福就是英年早逝。

话虽如此，当我们回顾自己的人生时，也必须承认，梭伦对克洛伊索斯所说的"人在漫长的一生中，一定会看到许多不想看到的东西，遇到许多不想遇到的事情"
这句话是对的。

柏拉图说：

"对任何一种生物来说，出生都是一种痛苦的经历。"
（《伊庇诺米篇》）

似乎对于古希腊人来说，不出生就是至高的幸福，除
此之外最幸福的事就是出生后尽早光荣而平静地死去。我
们在索福克勒斯的《俄狄浦斯在科罗诺斯》等古希腊文
献中都可以见到这样的观点。

从常识的角度来看，刚才那位失去了儿子的母亲，难
道真的认为孩子们的死亡就是神的恩赐吗？尽管她的儿子
们并非死于天灾或突发事故，我们却也很难说服自己相信
这一点。

但是，我们也不是完全无法理解为什么死亡会是神赐
予孝子的"人能够得到的最好的东西"。如果一个人总是
害怕失去已经得到了的幸福，那么他就会永无安宁。既然
如此，只要把幸福冻结起来，永久保存就好了。如果能这
样想，那么英年早逝就确实是神的恩赐了。

如果像那两兄弟一样，在幸福的时刻死去，那么这份

幸福就不会被今后可能遇到的不幸抵消。即使觉得死亡本身很可怕，但是比起不知道今后会发生什么，还不如就在幸福绝顶的这一刻死掉。人会有这样想法也并不奇怪。

认为英年早逝是神之恩赐的人，其实就是想冻结幸福，并将其永久保存。

正身处于幸福之中的人，如果此刻死了，就能避免经受今后可能遭遇的痛苦，就这样保持着幸福的状态化作永恒。从这层意义上来说，死亡其实可以被看成是对幸福的完成。

但是，神未必会令死亡在最好的时机降临。在古希腊悲剧中，当故事情节停滞不前的时候，作家就会搬出"解围之神"（Deus ex machina），通过令主人公死亡等方式解决问题。但在现实中就不可能这么简单了。人生遇到瓶颈的时候，我们也不得不继续活下去。

只要活着就不会幸福吗

在我学生时代的拉丁语教材里有一句话："任何人死之前都是不幸福的。"老师问我懂不懂这句话的意思。我

回答说不得要领，老师听后露出了难过的表情，摇了
摇头。

"人活得久了，就不得不与最爱的人分别。"

当时我听了老师的这句话，还不明白其中的含义。后
来我才知道，这句话的出处是希罗多德笔下的梭伦。梭伦
对克洛伊索斯说："人在漫长的一生中，一定会看到许多
不想看到的东西，遇到许多不想遇到的事情。"

我的拉丁语老师，正是将与最爱之人的分别，作为人
不愿遭受却不得不遭受的苦难的一个例子。

拉丁语教材把梭伦的话翻译成了拉丁文。梭伦是这样
说的：

"人只要活着，就不会幸福。"

人只要活着，就可能与最爱的人分离，可能失去财产
和地位，也可能晚节不保，这个道理我也能理解。但是，
当我听到这句话的时候，母亲还很健康，根本想不到她会
年纪轻轻地就离开人世。拉丁语老师经历过最爱之人的离
去，所以才会把它作为不愿遭受却不得不遭受的经历告诉
我。而我花了许多年才真正理解了拉丁语老师这样做的深

意。因为当时还是大学生的我，过着与财富和地位无缘的
人生，当然不知道什么是失去的感觉。

但是，在后来母亲故去的时候，尽管她的离世令我非
常痛苦，然而当时的我却觉得这个看似令我失去了幸福的
经历，也未必就真的令我变得不幸了。后来，我一直无官
无职，恐怕这辈子都与世间所谓的成功无缘，但我也从来
不觉得这是一种不幸。与成功无缘，并不会令我幸福或不
幸。既然如此，那么财富和地位的丧失也与不幸无关了。

确实，在临终之日到来以前，谁也不知道会发生
什么。话虽如此，如果我们现在感到幸福，那么，难
道今后就得一直生活在害怕失去这份幸福的恐惧中吗？
母亲病倒前我与她一起度过的幸福时光，并不会因为
她病倒了就烟消云散。只要此刻是幸福的，就没有必
要去考虑今后会发生什么。这是我在母亲的病床前想
通的道理。

"人只要活着，就不会幸福。"梭伦的这句话，意
思是说一个人即使现在正处在幸福的绝顶，也有可能
失去这份幸福。像失去爱人这样残酷的人生现实，我
们是无法避免的。即便如此，这样的痛苦也未必一定
会使人不幸。

神所钟爱之人

"神所钟爱之人往往英年早逝。"这句话据说是在古希腊剧作家米南德的戏剧作品中出现的台词，它也证明了古希腊人认为早逝是一件好事。梭伦所说的世上第二幸福之人——克列欧毕斯和比顿兄弟就是神所钟爱之人的典范。

如果把这句话放在梭伦和克洛伊索斯的对话语境中，意思就是说，人只要活着就会遇到痛苦的事，所以尽早死去才是幸福的。不过，我们也可以从另外一个角度来解读这句话。

孩童的早夭就不用说了，即使是年迈父母的死亡，也是令人很难接受的。这样看来，"神所钟爱之人往往英年早逝"这句话，也许并非源自"早逝总比将来受苦好"这样的想法。

哲学家三木清说过，他那英年早逝的妻子就是特别为神所钟爱之人，因为她辞世前在人们心中留下的最后形象是她年轻时的模样（《为了年幼者》）。但是，这样的说辞只能让人觉得他硬要将妻子的早逝合理化。眼看着人老去是痛苦的，但早逝更令人痛苦。"神所钟爱之人往往英年早逝"这句话其实是为了让我们接受家人或亲近之人的过早离世。这样的想法也是自然的吧。

阻碍幸福的东西

古希腊人认为不出生是最大的幸福，其次就是出生后尽早死去。他们的这种生死观与现代人相去甚远。古希腊人认为死亡是神的祝福。由此可见，死亡并不一定是不幸的。

对于人生恰好在幸福绝顶时结束的人来说，死亡是神的祝福；但是，无论是自己的死亡，还是家人朋友的死亡，即便我们知道人总有一死，它也是令人难以接受的。所以，生与死本身不等同于幸福与不幸。

谁都想要幸福，但想要幸福并不容易。因为我们必定会遇到阻碍幸福的事。就算幸免于早逝，也会经历各种悲伤，比如所爱之人的离世，比如身体衰弱、卧床不起。

从常识上来说，这些经历都会阻碍人们幸福、给人们

带来不幸。但是经历过同样事件的人，并不都会因此而
"变得"不幸。那么，到底什么东西才能使人不幸呢？它
们又是如何使人不幸的呢？

疾病

人即使不死，也逃不过衰老；即使现在还年轻，也不
知何时会生病。

一旦重病来袭，未来的自证性就会突然消失。荷兰精
神病理学家范登伯格说过：

"一切事物都随时间而发展，但患者却在没有时间的
岸上搁浅了。"（《病床心理学》）

一旦重病在身，明日就不再是今日的延续，原本以明
日必将到来为前提而在心中描绘的未来也随之消失。在失
去健康前从来没有怀疑过明天不会到来的人，就算前来探
病的人异口同声地告诉他"一定很快就会好起来的"，也
不会觉得自己真的会很快就好起来。

而且，无论生病前从事的是什么工作，一旦生了病，

任何人的身份都会变成"病人"。所有病人都会被统称为"患者"。病床上不存在社会地位，只有病人和患者。

我躺在手术台上的时候，觉得自己仿佛不是人，而是被当成了一个物件。成为病人之后，脱离了与社会的联系，我认为这是一种不幸。至于为什么，请容我稍后说明。

衰老

衰老对幸福的威胁程度可能不如疾病。说起来，年轻人很难想象所谓的衰老到底是什么。就算有人会说，与年轻的学校后辈相比，自己已经老了，但也只是说说而已，实际上他们并不会觉得自己真的就老了。虽然人们总说人最终都逃不过年老色衰，但也不会有人觉得这是一朝一夕就会发生的事情。

但年轻人偶尔也会生大病。这时候的他们所体验到的，可以说也是一种急剧的"衰老"，比如生病前可以自由活动的四肢不能动了。但是这种以身体能力的丧失为形式的"衰老"在大多数情况下都只是一时性的现象，很

快就会恢复，所以，因为生病而感受到的衰老感也会很快
消失。然而一般意义上的衰老却是不可逆的过程。

死亡

　　疾病和衰老会给人们幸福的人生投下阴影，但我们能
够在一定程度上预防疾病，而衰老的过程也是缓慢的。然
而死亡却是难以预料的。人不会因为年轻就可以保证避免
死亡。

　　关于如何克服衰老，如何预防疾病，有很多人可
以提供经验。虽然这些方法不是所有人都通用的，但
至少可供人们效仿。然而，关于死亡，原本就没有人
能够告诉我们它到底是什么，当然也就没有体验记录。
未知的东西是可怕的，即使日常为我们所遗忘，一旦
家人或亲戚不幸故去，心中就会涌上不安：下一个是
不是就轮到自己了呢？

　　人终有一死。这一事实比起衰老和疾病给幸福的人生
造成的影响更加巨大。其实，衰老和疾病也正是因为与死
亡相关，我们才会那么迫切地想要避开它们。

我们在活着的时候无法体验死亡本身，但是通过经历他人的死亡，我们能够预先感受它。也许和我们无关的人的死亡不会令我们动摇，但亲近之人的故去必然会带来巨大的悲痛。因为他们是在我们心中存在的人，所以有时候，亲近之人的死亡就如同自己本身一部分的死亡一样。

亲近之人刚刚故去之时，我们肯定无法忘怀。但是，即使是与亲人死别后日日以泪洗面的人，时光的流逝也会让他们渐渐淡忘亡者。

对于亡者的思念终将淡去，那么如果我们站在生者的立场上看待死去的自己，就应该知道自己总有一天也会被别人淡忘。这么一想，在人生的终点静候着的死亡也可以说是我们人生阴影的来源了。

外部原因

事故和灾害也会给人生带来阴影。现实中超乎预计规模的地震、海啸、核电站事故都曾发生，今后也肯定还会发生。

我们所处的环境，包括我们出生成长的社会和家庭，都会给我们的人生带来巨大影响。但是，我们不会因为身处同样的环境就遭遇同样的不幸。

永山则夫因在东京、京都、函馆和名古屋连续杀人被判处死刑。他称自己是因为无知和贫困而犯罪。但这世上也曾有过人皆贫穷的时代，如果贫困真的可以成为杀人的理由，那么那个时代的所有人都犯下恶行了吧。

我们不知道生活在贫穷年代的人是幸福的还是不幸的。就算他们当时觉得生活艰辛，后来也有可能一味地美化过去。但是至少不能说身处在那个时代的每个人都是不幸的。

生长在什么样的国家，对于人是否生活幸福来说确实有着很大的影响。但是，这种影响是有限的。下面这个故事是关于波斯战争的英雄地米斯托克利的（柏拉图《理想国》）。

某个小国家的人对地米斯托克利说：你如今之所以有名不是因为你自己的力量，而是因为你正好生在雅典这样强大的城邦。他以为这样就可以破坏地米斯托克利的名声。

地米斯托克利回到道：的确，如果我生在你的国家，我可能不会像现在这么有名；但你即使生在雅典，也未必会像我这么有名。

仅仅因为某人是雅典的臣民，未必能够证明此人是优秀的。这个故事虽然说的是个人的名声，但幸福和不幸也和名声一样，不是由社会或者人们所属的共同体而决定的。

在恶政下生活

谁都想幸福地生活，但是有时候，政治偏离了理想的轨道，就会妨碍人们获得幸福。前文我们说到，梭伦认为世界上最幸福的人是雅典的特勒斯。如果我们不认为自己与国家是一体的，那么对于梭伦的这个答案，我们应该是不满意的。很多人都认同，过着富裕的生活，膝下环绕着优秀的儿孙，这已经是幸福。如今还无所顾忌地相信着为了国家战死才算幸福的人应该不多了吧。

我们必须思考这个问题：恶政之下的人们也能幸福地

生活吗？在历史上这个具有现实意义的问题屡次被提起。但是另一方面，如果认为政治才是自己不幸的来源，坚信只要政策好转自己就能获得幸福，那么就会导致对政治的过度期待。实际上，越是在恶政横行的时代，就越是有人对政治抱有期待。

然而即使我们的生活确实遭受恶政压迫，它也未必会立刻令我们的人生变得不幸。谁都不希望因为政治而变得不幸，实际上，政治本身不会给个人的人生带来不幸，当然了，它更不会给我们带来幸福。

人际关系问题

很多人会因为人际关系问题而烦恼。人际关系上的困难虽然与灾害不同，不是不可抗力，但是因为无法断绝关系而导致关系恶化，因此生病，甚至选择死亡的人也是存在的。

对于有工作的人来说，无论职务多么繁忙，如果在职场中拥有良好的人际关系，那么就能够努力工作。当然良好的人际关系并不能解决所有职场问题，比如加班过多，或者需要改进工作方法。

但是，如果与上司和同事之间的关系不好，那么对工作本身的热情就会消亡。

被上司指出工作上的不足是在所难免的，除了努力之外别无他法。但是如果被毫无道理地责骂，那么干劲就会迅速消失殆尽。

和朋友、家人之间的关系，也会成为烦恼的种了。所以有人会认为，只有拥有良好的人际关系，才能幸福地生活。阿德勒就说过："一切烦恼都源自于人际关系。"疾病、衰老和死亡都绝不是自己一个人的问题。生病了必然会给家人带来影响，死亡更是与所爱之人的永别。这些事件会极大地改变人际关系的形式。

认为自己能够幸福的人和认为自己无法幸福的人

正如上文所述，阻碍人们获得幸福的东西有很多。但是，即便如此，也有很多人认为，只要上了大学，有了工作，就能够获得幸福。有人专门传授获得此类成功的方法。就像古希腊的诡辩家向想成为政治家的人传授包括辩论术在内的必要知识。

传授这些知识的人没有分清幸福和成功是两个不同的概念。也许有人会说像这样的成功，比如变得有钱，也是构成幸福的一个必要条件。但是，有这种想法的人肯定对于成功到底是不是幸福这个问题不曾有过丝毫的疑问。他们坚定不移地相信，只要获得成功就能获得幸福。

然而，是否成功就能获得幸福？反过来说，是否不成功就无法获得幸福呢？这两个命题都是无法自证的。那些认为和社会地位高，并且收入可观的人结婚就能获得幸福的人犯的也是一样的错误。

不会深入思考幸福到底是什么的人，也许本来就不曾对幸福以及人生的意义有过任何想法。有人也许在年轻时曾经考虑过，然而步入社会后就忘了这个问题，任由自己在日常的生活中随波逐流，渐渐老去。

柏拉图在《理想国》中借苏格拉底之口，提出了哲人政治理论：政治家应学习哲学，哲学家应学习政治，只有这样才能救人类于不幸之中。但最初苏格拉底对于是否应该提出这一思想也曾犹豫不决。

这与当时人们对于哲学的常识有关。在当时的希腊，人们对于哲学家的印象并不好。他们认为哲学属于教养的一种，在年轻时稍微学习一些是好的，但不是成年人该学的东西。把政治交给哲学家可就乱套了。其实现在人们对哲学的看法也没有太大改变。年轻时热衷于哲学的人，一旦进入社会就会发现哲学不能当饭吃，于是就连哲学书也不再读了。大部分人本来就对哲学毫无兴趣，对于他们来说，哲学对于生活是毫无用处的。在本书开头，我说过我父亲在我提出要学习哲学的时候非常反对。其实我父亲不只认为哲学无用，他甚至觉得哲学可能将他的儿子引上歧途。

原本就对哲学不感兴趣的人和年轻时稍许有过兴趣、走上社会后却完全丢弃的人，对于生活中必须考虑的问题，要么是不曾发觉，要么就是发觉后将它们束之高阁。对于本书的主题"幸福"也是一样。幸福到底是什么？如何才能获得幸福？这些并不是立刻就能给出答案的问题。所以很多人放弃了思考，或者转投于诸如"成功等于幸福"之类武断的结论。

我在前文中，把传授所谓成功的方法的人比作诡辩家。诡辩家为"智者"，而哲学家为"爱智者"。爱智者并非智者。智者指的是认为自己拥有某些知识的人，而爱智者则正因为明白自己无知，才会无休止地追寻智慧。不质疑常识，是与作为"爱智"的哲学相去甚远的态度。自古以来，哲学的工作就是质疑和批判，而非不加批判地接受一切既有价值。对于幸福，我们也必须耐心地思考。

有人对第欧根尼说：

"我不适合学习哲学。"

第欧根尼回答说：

"那么，你为什么而活？"

哲学不是能够当做爱好来学习的东西。为了活下去，为了幸福地活下去，哲学是必学的知识。

要说人何时才会思考人生的意义，那应该是在遇到某种挫折的时候吧。或许是供职的公司倒闭了，或许是明明觉得自己很健康却在体检时查出了癌症，又或许是因为被自己善意相待的人反咬了一口而想不开。

但是，也有人从来不曾体验过这些幸福与不幸。对于这样的人来说，最终年老时，想到临近的死亡，应该也会感到不安吧。当然，也有人无论何时都觉得自己还年轻，在健康的时候他们会勇敢地说出诸如"如果身体变得衰弱，那就赶紧死掉好了"这样的话。但实际上真的到了那样的时候，他们还能以同样的心态说出这句话吗？

"出人头地"这个词，在如今的时代可能已经算是一个死语了。因为即使怀着这样的心愿，在这个连大企业也会轻易崩溃的时代，就算考上好学校，进入好公司，也不能保证一定能获得幸福的人生。

然而，即便如此，也有人没有发觉时代的变化，或者装作没有发觉。他们认为，现在至少自己还是能获得幸福的，只要从竞争中脱颖而出，就能抓住幸福。对于他们来说，阻碍他们获得幸福的主要因素不是别的，而正是"好学校和好公司＝幸福"这一公式已然不成立的这个时代本身。

幸福和成功

成功未必就能保证幸福的生活。这里所说的成功指的是诸如考上有名的大学，进入一流企业就业这类成就。追求这些成就的人，从小就被周围的成年人灌输所谓"成功的重要性"。

如果一个人的家人或亲戚中有"成功"的人，就会被期望成为像他们那样的人。于是这个人就会认为"有所成就"是最重要的，不能停留在现有的位置上，必须朝着某个方向前进。当然，后退更是不可容忍的。三木清认为，成功与进步相关（《人生论笔记》）。这不禁让人联想到持续上涨的经济增长率图表。

三木清同样提出，成功与"过程"相关，而"幸福"的本质不是与"进步"，而是与"存在"相关。即使没有达成某项成就，一无所有，或者没有获得某些成功，人也是能够得到幸福的。

更准确地说，不是不成功也能"得到"幸福，而是幸福本来就是"存在"的。这就是所谓"幸福与存在相关"的含义。

把成功与否和幸福与否同等看待的人才会认为不成功就不幸福。但现在的新闻报道中也经常会出现一些虽然获得了成功，却反而因此变得不幸的案例。即便如此，也很少有人会一点都不想要成功。比如，就算取得高学历后进入所谓的一流企业工作，也有可能因为高强度的工作量导致过劳死。而有些人即使对此有所耳闻，即使心里明白这样的生活不能带来幸福，也忍不住抱着侥幸的心态，认为那样的事不会发生在自己身上。因为他们想让自己相信，很多人都通过工作上的晋升获得了更多经济上的报酬，因此自己也可以过上那样的生活。

微小的幸福

与那些把成功等同于幸福的人不同，还有一些人认为从生活赋予我们的微小满足感中就能够发现幸福。比如，下班后拖着疲惫的身躯回到家中时看到孩子睡梦中的笑脸，又比如家人齐聚一堂共享美餐。这些小事与晋升相比，看上去似乎都是微不足道的，但能从日常的琐碎瞬间中感受到幸福的人，就不会对职场上的晋升那么执着了。

孩提时代的我一点也不理解父亲的生活方式。然而现在回过头去想想，父亲之所以能够做到每晚都回家吃饭，应该是因为他早就放弃了晋升。父亲并不是无能的人，只是他寻求的是家庭幸福所带来的满足。

选择和我父亲同样生活方式的人都明白，家庭幸福是无可替代的。能够在日常生活的瞬间感受到微小的幸福，这几乎可以说是能够与人类历史上所有的丰功伟绩相提并论的奇迹。

但是，也有人认为，我们无法毫无顾虑地告诉别人这些幸福。其实，曾经也有过人们不能公然谈论幸福的时代。那时候的人们之所以对谈论生活中的微小幸福有所介怀，并不是受自己的想法所限，更多的原因是受到来自于外界的压力。

这种压力有时会以语言的形式出现，有时又会像"空气"一样为人感知。为什么这种压力会阻挡人们寻求幸福呢？我们会在后文探讨这个问题。

幸福是质的， 也是独特的

三木清认为，幸福是质的东西，成功是量的东西。

我们很容易就能想象到金钱和地位这些"量"的因素所带来的成功是什么样的。然而，幸福却是"质"的东西。而且，因为幸福是"个人所有的独特的东西"，有时候自己的幸福别人是无法理解的。如果说成功是普遍的，那么幸福就是个别的。

成功可以被看成是一般的、量化的东西，所以它应该是谁都能得到的。因此成功容易招致别人的嫉妒。然而幸福却是个人的、"质"的东西，它不会招来嫉妒。三木清是这样说的：

> "纯粹的幸福是个人所独有的东西。但成功却不是。人之所以会效仿他人，多数情况下都是成功主义使然。"（《人生论笔记》）

托尔斯泰在《安娜·卡列尼娜》的开头写道："幸福的家庭都是相似的，不幸的家庭却各有各的不幸。"三木清的说法却正好与这句话相反。

托尔斯泰是将幸福与不幸作比较，而三木清却是将幸福与成功作比较。借用托尔斯泰的句式，这句话可以这样表达："成功的人都是相似的，幸福的人却各有各的幸福。"正因为相似，所以才会被模仿、被追随。

不过，量化的东西也未必一定会招致嫉妒。比如，几乎没有人会去嫉妒一个能在十秒内跑完一百米的人。因为大多数人都明白这不是自己所能企及的纪录。

但嫉妒别人的美的人却是存在的。这是因为他们把他人的美看做量化的东西。一旦以量化的标准来衡量美，就会产生与人比美的心态。相反，如果能明白我们实际上是无法模仿他人的美的，那么嫉妒的情绪就不会产生了。也就是说，如果我们知道美是有质的差异的特质，那么就不会嫉妒，也就不会想着要与别人比美了。因为对于不能通过化妆或整形实现的美，我们是不会想着要去模仿它的。

其实在这种情况下，根本没有必要去想自己不如别人美。应该这样想：他人的美和自己的美是有质的不同的，因此无从比较。当然，自己的这种质的美丽也是无法为他人所效仿的。

幸福和幸福的条件是不同的

幸福和幸福的条件是不同的。把幸福和幸福的条件当成同样东西的人，会认为只要满足幸福的条件，人就能获得幸福。因为某种原因而在当下感到不幸，或感到生活艰难的人在这一点上也是同样的。很多人都认为，过去遭遇过的重大灾害或事故，以及从父母那儿接受的教育都是当下不幸的原因。

然而，即使经历相同，人们受到的影响也未必都是一样的。如果说遭遇了同样一件不好的事情的人都会变得不幸，那么就能把这件事情看作不幸的原因了。但是实际上，即使当事人们一时间受到了较大的影响，也未必所有人都会一直对某件事念念不忘。所以，人不是因为某个原因而变得不幸的。

同样，幸福也不需要原因。把成功和幸福当做同样东西的人会认为，成功是幸福的原因。他们片面地断定，不幸的人之所以现在不幸，是过去的经历所致；而今后自己将会遭遇的事件也全都会成为导致自己今后不幸的原因。同时他们也认为，自己在未来取得的成功将最终成为幸福的原因。

过去发生的事情未必都是不好的，今后将要发生的事情也一样，当然也未必都是好的。即便是每个人最终都要面对的死亡，因为谁也无法提供经验，告诉我们死亡到底是什么样子的，所以我们也无法断言它是好是坏。

阿德勒是这样说的：

"重要的不是获得了什么，而是如何使用已经获得的

东西。"(《神经症问题》)

成功和金钱都是可以获得的东西。而更重要的是怎样使用它们。根据使用方法的不同，它们能给我们带来幸福，也能给我们带来不幸。

我们所获得的，有可能是通常被人们视为不幸的原因的东西，但它们并不一定会给人带来不幸。相反，我们所获得的也有可能是令人嫉妒的东西，而它们也不能保证我们一定会获得幸福。

幸福和幸运是不同的

经过前文的阐述，我们应该明白了吧：发生了什么，或者经历过什么，这些并不会使幸福到来或消失。因为外部事件不是导致幸福与不幸的原因。即使经历过同样一件事，解释这件事的方式也是因人而异的。经历和幸福或不幸之间不存在因果关系。因此，幸福也不是被偶然所左右的东西。依附于外因和偶然而存在的是幸运。

梭伦把有钱却不幸的人和没有财富但幸福的人相比

较，说过这样一段话（希罗多德《历史》）："有钱却不幸的人更有能力满足欲望，也更有能力承受突如其来的巨大灾难的打击；但即使没有那么多的财富也幸福的人有更多优势。但从满足欲望和承受打击这两点来看他们比不上有钱人，但如果足够幸运，灾难就不会临到他们身上。"

梭伦口中的幸运，指的是身体没有缺陷，不会生病，不会遭灾，有优秀的后代，有美丽的姿容，最后还能得到善终。

梭伦认为这样的人就可以被称为幸福的人。但正如梭伦自己也说过的，一个活着的人不管他有多么幸运，都不能肯定他是幸福的。因为像优秀的后代和美丽的姿容这样的幸运都是可遇不可求的。

与这样的幸运无关，无论身处怎样艰苦的境地，人也可能感到幸福；相反，即使具备了这些条件，无论身处怎样良好的环境，人依然也可能感到不幸。

正如前文所述，不幸是没有原因的，同样，幸运也不会成为幸福的条件。

依存于幸运的幸福很快就会消失。当然，会消失的幸福原本就不是真正的幸福。

命中注定的人或邂逅

有人会说，与某人的相遇改变了他们的人生。但即便如此，实际上他们的人生也不是由那样的相遇所决定的。仅仅是出于偶然或出于幸运的相遇，在那之后是否会对当事人产生意义，是否会成为必然的、命中注定的事件，这是由他们自己决定的。

在电车上遇到的乘客也是偶然，但没有人会认为这样的偶遇存在特殊意义。如果某次相遇没有被认为具备特别的意义，那么它很快就会被遗忘。

我在高中的时候第一次学到了"邂逅"这个词。它指的是，虽然是偶然发生，却让人感到"有缘"的相遇；或者令人在偶然中发现必然的意义，令人感到命中注定的相遇。如果要把单纯的相遇提升到邂逅的高度，那么遇见他人的那一方就需要做好准备。

有一个词叫"啐啄同时"。它的意思是，鸡蛋孵化时，如果仅有小鸡啐壳，是无法令蛋壳破开的，母鸡也必须同时在小鸡啐壳处啄壳，两相吻合。

42

以某次相遇的偶然性作为契机，人与人的相逢有可能最终升高为邂逅。但这契机本身充其量不过是偶然，如果我们没有做好准备，那么它就不会成为改变我们今后人生的邂逅。

我很早就开始学习哲学了。但是，在我最后决心学习古希腊哲学之前，我经历了许多波折。有一次，我在大学的某个角落读书，阅读古希腊哲学的大家田中美知太郎的著作《哲学入门》。当时，一位与我同社团的后辈偶然经过，问我在读什么，于是我把书给他看。他看到了卷末的解说，告诉我解说中提到的研究古希腊哲学的森进一老师，是他父亲的同事，两人在同一所大学任教，并且是好友。

我抓住了这个信息。当时我迫切感受到需要学习古希腊哲学，但却没有学习希腊语的机会。所以我就想到，也许这位老师能够帮助我。于是我就拜托那位后辈，请他的父亲向森进一老师提一提我的事。一周后，我就去了森进一老师的书斋。那之前我一直自学希腊语，但老师建议我从头开始学习，并且同意我参加在老师家中举行的读书会。

如果我当时把那位后辈的话当做了耳旁风，那么现在的我可能也就不存在了。然而，并不是那次单纯的偶遇改变了我的人生，而是因为我自己有所准备，才使偶然的相遇变为了充满机缘的邂逅。

实际上是幸福的

如此，幸福与不幸的条件是不存在的。所以即便没有实现这些条件，或者说这些条件有所欠缺，幸福与不幸本身就是存在的。所谓的成功，必须在达到某项成就的前提下才能成立，幸福恰恰与之相反，这就是"幸福与存在相关"这句话的意思。

而且，被他人意见所"认可"的幸福是没有意义的，只有"实在"的幸福才有意义。但那些拥有"实在"的幸福的人，在别人看来却未必是幸福的。

柏拉图在《理想国》中，借苏格拉底之口，阐述了如下的观点：

"在正义和美的问题上大多数人都宁可要被他人的意见认可的'正义'和'美'；即便实际上并非如此，他们也希望被他人认可，并无论如何都要拥有这些被认可的正义和美之事；对他们来说只要被人认可就好。至于善，就没有人满意于为他人意见认可的善了，大家都追求实在的善，在这里‘意见’是不受任何人尊重的。”

被他人意见所认可的幸福毫无意义，幸福必须是实在的。假如一个成功的人获得了财富，因这财富的量是可测量的，所以也许看上去拥有这财富的人是幸福的。但是，拥有财富就能获得幸福吗？未必一定就是这样的。

幸福和幸福感是不同的

到此为止，我们已经探讨了幸福与成功的不同，明白了不需要等待某种前提的实现，人本来就是幸福的；我们也探讨了幸福必须是实在的，而不是别人所认可的。在此基础上，我还想指出一点，那就是幸福感和幸福也是完全不同的。

三木清说过：

“仅仅把幸福当做感性的东西是错误的。不如说，思

想史已经向我们展现，主知主义通常与伦理上的幸福理论密切相关。"（《人生论笔记》）

幸福与主知主义（intellectualism）密切相关——这句话是什么意思呢？前文中我们确认了一点，那就是所有人都想要善的东西，都想要幸福。我们注意到，柏拉图所说的善恶不存在道德上的意义，而只能理解为有利的或无利的。

然而，仅仅是有着想要善和幸福的愿望，也不是一定就能获得幸福的。因为人们会错误地判断什么是善。为了能够感受到幸福，必须知道什么是善，这就是为什么我们说幸福与主知主义是密切相关的。

普罗泰戈拉认为"人是万物的尺度"。也就是说一切都是由各人的主观感觉所决定的。例如吃东西的时候，关于食物的味道如何，只要是当事人真实的主观感受，那么他无论说这食物是甜的还是说是苦的都没有错。

但如果事关这食物有害还是无害，那么结果就全然不同了。美味的东西未必健康，甚至可能是有害的。食物有害还是无害，这就不能随意决定了。

前文我们说过，有人坚信成功等于幸福。这是因为他们误以为，如果成功与幸福无关，那么还有什么才能被称作幸福呢？在寻求幸福的过程中他们犯了方向性的错误。

我们还指出，实在的幸福本身就是很有意义的，但有人却一味满足于成为他人眼中的幸福者。爱慕虚荣的人，为了让自己在别人眼中看上去是幸福的，就会穿上华丽的衣装，追求昂贵的名牌。

即使不拘泥于他人的想法，如果把幸福和幸福感混为一谈，那么就难免会朝着错误的方向寻求幸福。源自于对善恶、幸福和不幸的认知的主知主义视角下的幸福理论，与狂热和陶醉中的情绪化思维是不同的。

狂热和陶醉会造成判断上的错误。麻醉剂、兴奋剂、危险药物都可能使人获得一时性的幸福感和兴奋感，但这些药物具有成瘾性，会麻痹人的身心，甚至导致犯罪。依靠药物得来的快感绝不是幸福。幸福和感受到愉悦是不同的，这一点只有从知性，而非感性的角度来思考才能理解。

人在做出行动的时候，是否带有某种目的呢？恐怕这也是我们必须思考的一个问题。这目的就是善，就是幸福。如果不考虑这个问题而任由情绪驱使，这样的行动是危险的。

幸福到底是什么？人如何才能幸福？当人们开始思考这些问题的时候，可能他们已经不幸福了。恐怕所有人都或多或少地经历过不得不让人发出以上疑问的不幸吧。

然而，正如本章所述，即便我们能立刻联想到那些看起来会阻碍幸福的事物，这些事物本身也并不会立刻使人不幸。相反，成功和幸运也未必一定会使人幸福。也正如前文所述，人的经历并不会导致幸与不幸。我们也反复提及，人并非"变得"幸福，幸福本来就"存在"。明白这个道理的人不用非要等到自己实现了什么，也能在日常的瞬间中感受到幸福。

第 2 章　为什么无法幸福

　　我们只有在人际关系中才能发现幸福，但有人却害怕因与他人建立关系而受到伤害，无法融入人际关系，这是因为他们知道，不幸能够聚焦关注，而幸福则不能。

谁都应该能够感受到日常的微小幸福。正如我们在第一章中探讨过的，谁都想要幸福。但是，也有人明明想要幸福，却认为自己不可以幸福。还有的人认为个人的幸福绝不能优先于集体的幸福，正义和道德应该被放在幸福之前。甚至有人根本不想要幸福。本章我们将讨论的问题就是，为什么他们会有这样的想法。

幸福不是牺牲

　　我作为咨询师曾与不愿上学的孩子们谈话。我问他们是否希望父母幸福，每个人都会立刻给出肯定的回答。为人子女者当然不希望因为自己而令父母不幸。

我知道大多数孩子都有这样的想法，所以我会告诉那些看上去不幸福的父母，你们的孩子希望你们能够幸福。做父母的为什么要让孩子认为自己是不幸福的呢？那是因为他们想告诉孩子，自己的不幸福是因为他们不肯上学造成的。当然，父母对自己的这种心态并没有自觉。他们只是觉得委屈，明明拼命把孩子养大了，到头来却因为这孩子的缘故过得不幸福。他们无意识中在以这种理由向世人博取同情。

我于是对那些父母说：即使你们让周围的人以为你们是不幸福的，孩子也未必就会因此而去上学，孩子如果不去上学，那么你们这样做岂不是毫无意义吗？他们总算听懂了我话中的意思，最终明白了这个道理：他们自己的幸福是与孩子无关的。

很多人都会因为照顾上了年纪的父母而心力憔悴。有的人已经十分尽心尽力，却认为自己还不够孝顺，不知不觉间就忍不住开始向周围倾诉，自己有多大压力，又有多么努力。这种行为一方面隐含着对那些不如自己尽心照顾老人的家人的指责，另一方面，被照顾的父母大概也不会对孩子的这种态度感到高兴。

不论是父母还是孩子，自己的幸福才是首要的。无论最初的契机是什么，如果孩子不去上学，他们就会发现父母正因此而烦恼，也会发现以前对自己漠不关心的父母因此而为自己操心，于是他们就会认为，只要自己不去上学，就能吸引父母的注意。

但是，孩子们其实并不希望父母为了自己而烦恼和不幸福。这样一来他们就会陷入两难的境地。我认为，孩子们去上学也好，不去上学也好，最终应该是他们自己的决定。而无论做出何种抉择，都会给他们自己的人生带来莫大影响，所以不应该让父母的烦恼影响孩子的判断。父母的幸福，也许并不会对直接解决问题有帮助，但至少能令孩子冷静地看待和思考自己的问题。

作为子女，无论小时候父母对我们多么好，等他们年老，我们所能回报的却不可能与他们给予我们的相等。但父母给予我们的东西，我们可以同样给予我们的孩子，如果没有孩子，也可以以某种形式回馈于社会。

这几年，我常有机会去韩国演讲。韩国的年轻人也经常会问我各种各样的问题。他们和日本的年轻人一样，认为即使父母反对也应该活出自己的人生。但是在韩国，他们提出了一个在日本无人提及的问题，那就是：怎样才能孝敬父母呢？当然日本的年轻人并非完全不考虑父母的想法，但韩国的年轻人更加左右为难，他们一方面很想活出自己的人生，一方面又不想因此令父母伤心，所以无法忤逆父母的意向。

　　我是这样回答的：亲子之间的冲突是一时的。只要最后你能够幸福，那就是最好的孝行。子女没有必要为了取悦父母而牺牲自己。而父母即使因为子女的选择而伤心失望，他们也只能自己解决这个问题。

　　以建立在自我牺牲基础之上的生活方式来实现自身意志的人当然是可敬的。但我担心的是，把这种生活方式强加于人，或者一味鼓励人们选择这种生活方式的观念。即使不到牺牲生命的地步，"为了某人而活"这件事本身，无论这"某人"指的是父母还是子女，总会被人认为是件值得嘉奖的好事，而不这样做的人就要被施以压力——这才是可怕的。父母当然可以为子女牺牲，子女也可以为父母牺牲，但是这绝不应该成为一种道德标准。

个人的幸福和共同体的幸福

我认为，无论生活有多么不易，其中都存在着微小的幸福，而且除此之外就没有别的东西可称为幸福了。如果有人对于这种想法有所犹豫，那么他们应该是认为比起个人的幸福，更应把共同体的幸福置于优先地位。这里的"共同体"的意思，正如我们将在后文说明的那样，可以指家庭，也可以指范围更广的国家，而它的最小单位则是"我"和"你"。正如在刚才我们给出的养育子女和照顾老人的例子中，有些人就认为不可以把自己的幸福优先于亲子关系。

在养育子女和照顾老人的时候，我们常会自问：把不去上学的孩子和需要照顾的年老父母抛开不管，我们难道就可以独享幸福吗？但是，所谓的共同体的范围是可以不断扩大的。只要他人不幸，那么自己的幸福就是不被允许的，如果我们抱着这样的想法，那么正因为"他人"的范围是无限的，所以我们永远也无法幸福。

《维摩经》中说到释迦牟尼的弟子文殊菩萨前去探望

生病的维摩诘。文殊菩萨问维摩诘，他的病因何而起，维摩诘答道："一切众生病，是故我病。"维摩诘无法独享幸福而对他人的苦难坐视不管。

就不能独自幸福这一点而言，我的想法也和维摩诘的一样。确实，认为他人的苦难与自己有关，和认为他人的苦难与自己无关，这两种看法有着巨大的不同。但是，我们也不能因为这样就认为在别人受苦的时候自己就不能幸福。先于别人获得幸福是没有错的。

的确，这世界上还有很多地方发生着战争或经受着贫穷，很多人因此失去生命，或因贫穷而生活困窘。有人会因此而犹豫，自问是否可以厚着脸皮享受自己的幸福。我认为没有这个必要，但这绝不是说我们漠视或舍弃那些正在受苦的人。我们更应该在努力改变这些残酷现实的同时，让自己成为榜样，告诉人们无论在什么样的情况下，人都可以是幸福的。

比个人的幸福更重要的东西存在吗

现在，主张灭私奉公和自我牺牲比个人的幸福更重要的人应该比以前要少了很多。不过，认为全体的幸福比起个人幸福更为重要的人却是存在的。

一些政治家宣扬：不能独享幸福。只有大家都幸福了，才能感受到真正的幸福。这种政治理想十分流行。有很多人都认为我们应该考虑群体中所有人的幸福，而离开全体的幸福，个人的幸福也就不存在了。

这听上去似乎很有道理，然而如果它的出发点在于"大家"的幸福比"个人"的幸福更"重要"的话，那么就是有问题的。所谓"个人不能独享幸福"的观点其实并非指全体的幸福比个人幸福更为重要，而仅仅是因为有这样想法的人根本无法离开共同体独自生活，所以他们本来就无从考虑只属于自己的幸福是什么。

而且，个人的幸福和全体的幸福未必就是"对立"的。其实，所谓的与"个人"相对立的"全体"这个概念本身也是模糊的。

很多人都会觉得人不应该只寻求自己的幸福吧，因为人们都说这是利己的、自私的行为，相反，牺牲则是备受赞赏的美德。然而，正如刚才我们探讨过的，如果把牺牲当做美德而强求别人做出牺牲，这样的作为也是不为人接受的。

出于良心的义务和对幸福的需求

三木清曾说过：

"把出于良心的义务和对幸福的需求看成是对立的，这正是现代的律己主义。"（《人生论笔记》）

律己主义指的就是严格主义。这种思想主张正义和道德作为出于良心的义务比幸福更有价值，认为即使与幸福相悖，人也必须追随正义。因此是一种将出于良心的义务和对幸福的需求严格对立的思想。

像这样的无形或有形的压力都会阻碍我们追寻幸福的脚步。这些压力既有来自外部的，也有来自自己内心的（即使最开始受到了外界的影响）。

例如，有人想结婚，想结婚后过上幸福的生活。但是一想到父母就无法下决心结婚，因为他们不想忤逆父母。

刚才我提到韩国的年轻人问我怎样才能孝敬父母。他们虽然想活出自己的人生，但又不想让父母因此感到不幸福，这其实就是一种出于良心的义务：父母的意见更为重要，即使放弃自己的幸福也要孝敬父母——当我们更看重这样的道德观时，出于良心的义务和对幸福的需求就陷入了对立的状态。

即使父母同意了这桩婚事，如果在打算结婚的时候，出现了因为某些原因而无法让父母独自生活的情况，这时我们也会为了该不该撇下父母，成立自己的小家庭而烦恼。

在三木清生活的年代，出于良心的义务意味着灭私奉公和自我牺牲能够获得嘉奖。在那个年代，许多人都做不到无视这些义务而追求个人的幸福，而且当时的社会也会给予他们这方面的压力。

也许，对于那些坚信必须履行义务的人来说，随心所欲地生活是一种利己主义的表现吧。

而正因为有些人从一开始就把对幸福的需求和出于良心的义务两者分别看待，他们才会认为必须使自己想做的事情和所谓的义务相一致。

而且，随着时代的变化，所谓出于良心的义务的内容也会发生改变。

"社会、阶级、人类，等等，世界正以这一切事物的名义抹杀人类对幸福的需求。"《人生论笔记》

在这种情况下，个人的幸福会受到限制。当我们认为良心的义务比个人的幸福更为重要，而两者之间出现矛盾甚至对立的时候，就只好否定对幸福的需求。

这样一来，正因为我们已经先入为主地有了"不能自己独享幸福"的这样一种质朴的想法，那么想要反驳"履行出于良心的义务比追求个人幸福更为重要"这个说法就更难了。

今日的良心是对幸福的需求

在探讨过出于良心的义务和对幸福的需求的对立之后，三木清还说过这样的话：

"与此相反，我认为，今天我们说的良心恰恰就是对幸福的需求。"

这句话到底是什么意思呢？

三木清接着又说：

"必须恢复将我们对幸福的需求作为今日之良心的资格。"

直到现代，人们才开始区别对待两者；但其实，在欧洲，自古希腊时代以来，对幸福的渴望就被认为是人所共通的东西。

三木清之所以用了"恢复"这个词，是因为在过去，对幸福的需求和出于良心的义务并不是对立的。所有人都渴望幸福，这是世间的共识。

所以对于当时的人们来说，把两者相对立，不敢声张自己想要幸福，甚至于把履行义务和自我牺牲看得比追求个人幸福更为重要，这些想法才是不正常的。

不过，"所有人都希望幸福"（柏拉图《欧绪德谟篇》）这句话在现代社会有时也会被人否定。比如，弗兰克尔曾经就此做出过指摘。

他在回答"人是否为了幸福而活"这个问题时是这样说的："有人说人类存在的本质就是追求幸福，我坚决反对这种想法。"（《论精神障碍的理论与治疗》）"幸福不是目标，而仅仅是结果罢了。幸福不是人类追求的对

象。渴望幸福即是失败的表现。"（《活出生命的意义》）

上一章我们讨论了苏格拉底的悖论"无人自愿作恶"。这句话的意思是说，谁都想要善而不想要对自己毫无用处的恶；谁都想要幸福而不想要不幸。

阿德勒所提倡的目的论并非他本人独创。目的论的中心思想就是，人类的言行、生命的终极目标在于善和幸福。这个思想带有明显的古希腊流派的特征，并且其本身在古希腊思想流派中也享有一定的地位。

弗兰克尔的思想就不属于古希腊流派。很早以前，康德就主张，人如何才能幸福这个问题并不如拥有道德重要，因为在康德的伦理学里，有道德才可谓幸福，幸福在他的价值观中并非处于优先地位。

但我认为，幸福和善才是第一位的。道德不过是实现幸福的手段，不至于是首要的。

这里所谓的道德，即三木清所说的出于良心的义务。视幸福主义为异常的人认为比起个人的幸福（善），出于良心的义务，也就是道德更为重要。而道德要求人做出牺牲，所以有人会认为不应该提倡个人幸福，这也是不奇怪的。恰恰相反，怀有这种想法的人，会把不幸福的状态当成是一种扭曲的幸福。

想要相信人生没有意义的人

有人想要幸福却无法幸福，也有人看上去根本不想要幸福。

如果觉得人生值得一活，那么就不会觉得人生没有意义了。反过来说，有的人之所以觉得人生没有意义，其实也未必只是因为自己处境艰难，更有可能是因为人生没有像自己预想的那样发展，从而产生了自己是不幸的、人生是不公平的一类的想法。

谁都会经历预想不到的人生，然而，并不是谁都会因此就觉得人生不公平。但是，对那些从小就被溺爱着长大的人来说，因为他们理所当然地觉得自己什么也不做，周围的人就会打点好一切，所以才经常会产生这样的想法。

但若说旁人的主动服务是那些被溺爱着养大的孩子们独享的特权，这样的好事只存在于他们虚构的世界里。

在现实中，如果自己没有付出，别人当然不会有所回馈。所以那些小时候备受溺爱的人，长大后一旦走上社会就会遭到严酷现实的打击。

于是，当他们直面孩提时代不曾知晓的严酷现实，感受到万事不如意的挫败时，就会认为这样的人生毫无意义。

在我看来，期待过上如愿以偿的人生，这种想法本身就是错误的。但是确实有人毫无挫折地活着。这样的人在很多情况下都是在他人的帮助下幸运地获得了成功，但只要哪怕有一次失败，恐怕也会遭受致命的打击，再也爬不起来。

其实，如果遇到挫折，只要有从头再来的决心，努力挽回局面就好了。但很多人不会那样做，他们会自暴自弃地想，人生没有意义，不值得活下去，而自己是不幸的。当然，会这样想也是有原因的。

因为，他们把必须自己解决的人生问题当成了导致他们人生不如意的理由，并且想要回避它。

失败的时候，即使努力重新再来，也不能保证一定可以成功。所以他们才放弃了努力，反而试图从人生中寻找自己受挫的原因，并将不幸归因于之。

害怕建立人际关系

对于孩提时代备受宠爱，自己不用特别努力就能得偿所愿的人来说，他人是难以应对的存在。除了父母以外，谁都不会理睬他们任性的要求。

一旦置身于人际关系中，必然会发生这样那样的摩擦。被讨厌，被背叛，被躲避，被憎恨，变得满身伤痕。当他们还在父母的庇护下生活的时候，根本想不到这一切。

当然，并不是所有人都会在人际关系中受伤。有的人即使受了伤也能很快振作，还有的人甚至根本不会觉得自己受到了伤害。但对那些被保护着长大的人来说，人际关系中受到的伤害是一种重大打击。

阿德勒所说的"一切烦恼都源于人际关系"，确实可以用在他们身上。在第 1 章，我们提到柏拉图说过："对任何一种生物来说，出生都是一种痛苦的经历。"（《伊庇诺米篇》）苦于人际关系的人对这句话应该会感同身受。

的确，如果不建立人际关系，就不会被别人伤害。但是另一方面，我们也只能从人际关系中获得幸福和生活的快乐。不与任何人建立关系，虽然可以避免烦恼，但同时也会失去喜悦。

人们之所以会下定决心结婚，难道不正是因为觉得与他们的结婚对象能够幸福地在一起生活吗？即使后来发现事实并非如此，但至少最初肯定是这样想的。

为人父母者在第一次见到自己的孩子时，一定会意识到今后的人生会和过去大不相同。因为他们将和孩子一起生活。有人会说，夫妇关系遇到瓶颈的时候，只要有孩子就能打破僵局。当然，虽然实际情况并没有那么简单，但是遇到这种情况的夫妻，应该都会热切盼望孩子的降生，并且深信有了孩子就能重建家庭的幸福。即便老去后可能与孩子关系不和，在最初要孩子的时候，他们应该都是怀着这样美好的期望的。

回避人际关系需要理由。有人因为失恋，承受了心理上的创伤，所以害怕爱上别人；也有人把孩提时代父母的言传身教作为理由。确实，对于那些被溺爱着长大的人来说，除了父母之外的人都是可怕的。

这些理由各式各样。我们不能无缘无故地回避人际关系，因为这不但不会为周围人所接受，更重要的是过不了自己那一关。就像小朋友不想上学的时候会突然肚子疼或者头疼一样毫无作用。

那些从小就经常被父母教训的人，会以为自己性格不好，所以不会有人喜欢自己，于是也就不愿积极地参与到人际关系中去。

大多数人小时候都挨过父母的责骂。可能很多父母都认为责骂孩子是他们的职责，这是出于教育的目的。但是，却有孩子恰恰因为这个原因开始自我厌恶。长大后他们就会把这当成自己逃避人际关系的理由。如果别人对自己说了过分的话，或者做了过分的事情，明明错误的一方应该是施加这些伤害的人，但他们却把一切都怪在自己头上，叫别人不要怪罪施加恶行的人，甚至自责：是我不好，被别人那样对待也是活该。越是抱着这样的想法，越是无法融入人际关系。

越是无法融入人际关系，就越是不幸。害怕受到伤害的人似乎都会哀叹自己不幸，但其实是他们自己选择了不幸，或者至少是没那么幸福的结果。因为他们不想承担建立起人际关系后再受到伤害的风险。

这种情况看起来是他们选择了自己不幸的结局，但其实是因为对受到伤害的恐惧而选择避开人际关系的生活方

式。如果套用刚才苏格拉底的观点，就可以认为，回避人
际关系对他们来说即是"善"。

幸福无法引起关注

因为某些原因认为自己不幸的人，之所以不期待幸福
反而顺其自然令自己一直不幸下去，是因为他们认为不幸
可以引起他人的关注。因为他们知道，谁也不会特别关注
一个幸福的人。

如果子女生病住院，父母就会在医院不眠不休地照
顾。我上中学的时候，曾因为交通事故住院。不知道那天
是本来就没睡着，还是半夜睡醒了，我记得深夜母亲守在
我床头的情景，窗外传来飞机划过天际的响声。直到现
在，我还时不时想起那天夜里母亲的样子，那是我美好的
回忆。

有很多孩子，最初会因为父母照顾自己而欣喜不已。
但渐渐也会开始担心病好后父母会不会离开自己。孩子既
然重获了健康，父母就会对他们说："明天有事，我就不
来了，后天会来的。"孩子们就会感到困惑，但也明白了

一点，那就是一旦恢复健康，周围人的关注就会消失，因此有的孩子会觉得不能让自己的病好起来，这也是不奇怪的。实际上，确实也有医学上明明检查不出任何问题，却始终病情反复的情况。

曾有一位得了抑郁症的老妇人，一开始来接受治疗的时候，她的儿子和儿媳总是陪在身边。后来她开始服药，症状随之减轻，她的儿子就不陪她一起来了。儿媳也渐渐不再陪她一起在候诊室等号，嘴上说趁这段时间出去购物，很快就回来，但经常是直到老妇人看完病，她也没回来。那位老妇人不得不独自等人来接自己回家。最后，老妇人的抑郁症倒是治好了，却摔断了大腿，卧床不起。

我们都知道，不幸的人总是会得到更多关注，一旦变得幸福，这样的关注就会消失。即便那些渴望着幸福的人也明白这一点。

为此而放弃幸福的人，其实并不是真的选择不幸，而只是想要被人关注，成为特别的存在。可是，即便不能成为特别的存在，只要幸福就好了，难道不是这样吗？幸福本身才是至高无上的。

不想冒着不被爱的风险

很多人都想对自己暗恋的人表白。但是，一旦表露了自己的情愫，那么就不得不直面可能被拒绝的事实。对有的人来说，这是一件很可怕的事。他们绝对不会表白。因为害怕受伤。如果什么也不说，对方就不会知道他们的想法。但是，他们也因此无法与自己喜欢的人建立关系。当然，他们也确实不会受伤。

打消告白勇气的理由很简单：自己都不喜欢自己，别人怎么会喜欢自己呢。

自我厌恶的理由也很简单：小时候受到父母教育的影响。但其实孩提时代从父母那儿接受的教育和长大后对人际关系的回避根本没有关系。

有的人之所以不想和别人建立恋爱关系，并不是因为恋爱对自己没有价值，而是因为他们对另一半有所要求。有的人总抱怨遇不到命中注定之人，但其实很可能真正足以改变一生的相遇已经降临，他们只是没有发觉罢了。经常听到憧憬婚姻的年轻人这么抱怨，然而他们这样说也只是为了把已经遇见的人从结婚的候选对象中排除出去。

如果一个人会把现实中遇到的人和童话故事里描写的理想男性或女性相比较，那恰恰说明，这个人并没有把遇到的人当做结婚对象。明明是合适的恋爱和结婚的对象，却把对方从选择中剔除，而且为了使这种行为合理化，他们还创造出所谓的"罗曼蒂克的、理想的，得不到的爱"（阿德勒，《自卑与超越》）。这样的爱情过度抬高了对方的价值，从而贬低了自己的价值。

除了等待理想之人出现，还有别的方法创造"得不到的爱"，那就是喜欢上一个经常恋爱失败的人。当然，他们一定会声称对一个人的爱意在任何情况下都是认真的，并非调查过对方的条件后才去喜欢这个人，而是不知不觉间喜欢上的。但是，有的人会为了把阻碍恋爱成功的原因推到另一半身上而特地选择原本就在情感方面有着这样或那样困难的人作为恋爱对象，这也是事实。于是，一旦恋情无法顺利继续，他们似乎就可以说，如果对方是普通人，那这段感情就不会走到这个地步。

同样，同时爱上两个人的人也会把爱上两个人这一点当成恋爱难以成功的理由。阿德勒说过："爱上两个人事实上意味着一个也不爱。"（《人类意义的心理学》）爱上两个人的目的在于享受二选一的"烦恼"。因为难以选择，一旦停止这"烦恼"，那就意味着必须从中做出决断。相反，如果想要把做选择的时机延后，那么就不得不继续拿这"烦恼"做幌子。

就像这样，这些人要么无法下定决心开始恋爱，要么为恋爱失败烦恼，或者难以选择另一半，在别人眼中他们是不幸的。但这不幸也是他们自己选择的。

担心无人关注自己

如果自己什么也不做，就有别人来帮自己完成心愿，那当然是再好不过的。然而现实中不会有这样的好事。别人不会随时注意我们的一举一动。比如烫了头发，却很可能根本没人发现。这在某种意义上来说是无可奈何的事。因为我们也没有那样关注过别人。

过人行道的时候，有时会看到等红灯的车里，司机正凝视着我们。有人觉得司机这样做很讨厌。其实，司机就算看到了从自己的车前穿过马路的行人的脸，一旦交通灯变绿，车子发动，恐怕他们这辈子也不会再想起刚刚见到的那张脸了。

有的人不喜欢别人盯着自己看，但反过来，一旦无人关注，他们又会对此不满。他们希望能够吸引他人关注自己，因此积极做出一些问题行为，或者消极地展示自己的不幸，借此博取关注。

其实不这样做，只要普通地做自己就好了。但是很多人都想以各种形式，让自己成为别人特别关注的对象。

甚至还有人会因为看到别人幸福的样子而感到难过，因此躲得远远的。他们可能是想借此举动获得他人关注，但其实谁都不会特别留意他们的举动。没想到自己最后竟成了孤家寡人，因此他们更觉得自己不受重视。这并不是他们的初衷，但大部分都是他们最开始就能预料得到的结果。那些不会关怀我的人是多么过分啊——如果产生了这样的想法，那么他们就为自我孤立的行为找到了合理的借口。

对失去的恐惧

我们刚才举了身处幸福之中却希望把幸福冻结起来

的人的例子。有不少人都很害怕失去现在所拥有的东西。当然，拥有财物和幸福是没有关系的。很多人都想拥有车子和房子这样的私有财产，也理所当然地认为只要工资上涨就能过上比以前更奢侈的生活。但这类人的幸福往往不能持续很久，因为拥有最终会令他们变得害怕失去。

其实，如果从一开始就一无所有，那么也就无从失去了。所以如果能一开始就什么都不要求，就不用面对失去的恐惧了。但是，这种禁欲式的生活能说是幸福的吗？毕竟，人不可能真的无欲无求，想要的东西依然存在，一切只是忍耐罢了。更进一步说，这些人反而会让人觉得他们因为自己的一无所有而产生了一种莫名的优越感。

那么我们是不是就不应该克制自己的欲望，反而应该坦承自己想要的是什么，最后如愿以偿呢？其实在大多数情况下，这样做会使人变得贪婪。而另一些人嘴上所说的无欲无求，并不是深思熟虑后做出的判断，而只是放弃思考的表现罢了。

他们与我们在前文讨论过的把对幸福的需求和出于良心的义务相对立的人，其实是一样的，后者也并非由衷地相信出于良心的义务必须是第一位的。正因为他们并不是真的认为不应该直接表达自己的欲求，一旦愿望落空，即使只有一次，都会令他们放弃新的愿望，从此忙于保留自己已有的东西。

这种情况不仅限于对物的所有。很多人即使物质上并不富裕，但他们只要家庭团圆就能感受到至高无上的幸福。就算贫穷，只要能和家人一起吃上饭，就是值得感恩的。

但有时人们也会忍不住想，这样家庭团圆的生活到底能持续多久呢？即使没有发生不幸的事故，父母与子女也不可能永远生活在一起。总有一天，子女会离开父母独立生活。子女的自立是件可喜可贺的事，但对于那些在子女身上耗尽一生的父母来说，一定会导致极大的失落。

在这种时候，只要是当下人们能够感受到的幸福，无论多么微小，他们也难免无法放手。然而，如果注定最后会失去这些幸福，那还不如现在就不要感受到它们——即便没有人当真不想要幸福。

本章我们提出了以下观点：首先，幸福不需要以牺牲为前提，没有比自身的幸福更重要的东西。其次，我们探讨了不想变得幸福的人之所以有这种想法的原因。我们只有在人际关系中才能发现幸福，但有人却害怕因与他人建立关系而受到伤害，无法融入人际关系，这是因为他们知道，不幸能够聚焦关注，而幸福则不能。

第3章　人的尊严

　　人并不是只会受到过去的经验和周围环境影响的被动存在，而是能够以自由意志决定人生的主动存在。即使冒着犯错的风险，也能够选择和决定自己的人生——也正因为如此，我们才能重获作为人的尊严。

我们看待幸福的方式是因人而异的。并且我们无法脱离与他人的关系而孤立地看待自己的人生。但是，根据我们对自己和他人的认知的不同，对于幸福的本质及其时机的理解，也会有所变化。甚至有时我们不得不扪心自问：我们真的能够感知幸福吗？

　　在本章中，我们将表明一个观点，那就是人类拥有自由意志。上一章里的那些没有勇气追求幸福的人就不认同这个观点。因为，如果按照自由意志行动，或者更进一步说，按照自由意志选择了自己的人生，那么一切责任就只能自己担负了。

人的行为不存在必然性

与物体的运动不同，人的行为仅靠原因是无法说清楚的。如果是物体，人只要放手它就必然下落，但人因为拥有自由意志，所以可以自己决定做什么或不做什么。

否定自由意志的人也是存在的。那样的人通常会认为某种行为的产生只是看上去是由自由意志决定的，其实谁也不清楚导致这种行为产生的真正原因到底是什么。然而促使他们产生以上想法的，很显然，恰恰就是他们的自由意志。

如果从决定论的角度出发，也就是说人的行动与自由意志无关，一切都是被决定好的，那么就不存在幸福与不幸的问题了。即便做出了错误的决定，正因为我们拥有自由意志，可以自由选择，我们仍然可以感受到幸福和活着的喜悦。这就好比照着父母的指示才获得了某种成功的孩子，明明成功了却一点也不开心。生而为人，应该决定目标后朝着那个目标主动前行，而不是被动地因为某个理由而行动。

如果说把善作为行为目的的目的论是正确的，那么人类的行为和物体的运动就没有区别了。但实际上，人类的行为和物体的运动之间的区别，就在于自由意志下的选择。当抉择时刻来临，人会选择对自己来说是善的东西，正如我们之前讨论过的，我们会选择对我们自己来说"有利"的东西。

但是，对于"什么是善"这个问题，有时我们会做出错误的判断，所以从结果来看，未必每一次都能选择善的行为。即便如此，人的行为也不会像物体的坠落运动那样存在必然性。

人在肚子饿的时候，如果眼前有吃的，就会伸手去拿。但使人伸手的不是饥饿。因为即使肚子饿，如果是在病中必须控制饮食的人，也能下定决心不吃，或者把食物让给有需要的人。无论吃或不吃，还是让给别人，都体现了他们所认为的"善"。

选择所带来的后悔

正因为我们拥有自由意志，所以有时我们会后悔过去做出的选择。而正因为选择是自己做出的，我们才会后悔。回忆过去，我们都有过不得不放弃某件事的经历。如果想着还有其他选择，就会令自己更加后悔。于是我们只好用决定论或命运论来自我安慰。因为这样一来，做出错误选择的责任就不在自己身上了。

一些人在养育子女和照顾老人的时候，有时会因为判断错误，使他们的孩子或父母受苦。人无完人，做出错误的判断或选择是难免的，当然，为此必须负起责任也是显而易见的。但他们还是相信自己当时做出的是最"善"的选择。

然而，以后他们回忆起当时的决定时，一定会发现过去的错误。并且，直到后来他们才会注意到其实当时还有别的选项。这就像阅读小说，读完一遍后再次阅读时，会发现很多第一次看这本小说时没有发现的东西。不读完整个故事，是无法发现这些新内容的。

其他选项也许是存在的，只是当时没有选择其他选项的余地，或者说足以做出决定的时间太短了，短到连思考也不够，因此我们会安慰自己：在这种情况下做出的决定完全是因为情势所迫，而并非自己的决定。

即便如此，这也不是真正的不得已而为之，因为其中仍有我们必须负担的责任。

不受感情支配

如果人必须依靠外力，而无法自己做出决定，那么我们所接受的教育就不会是今天这样的了。因为教育和治疗都是以人可以在适当的外部影响下做出改变为前提的。

很多人都认为理智无法压制感情，所以人才会被感情支配。再理性的人也会有突然爆发，忍不住疾言厉色，甚至动手的时候。

想要认清感情的本质，有一个方法是思考如何抑制本来应该是无法抑制的感情。

另一个方法则是坚信人不会被感情支配。感情并不是不可抑制的、非合理性的东西；人是因为各种目的才会变得情绪化，对于感情的理解和处置感情的方式也会因为目的的不同而不同。

我们来举个关于怒气的例子吧。很多人会突然发火。通常情况下，这种突然产生的怒气，和引发这怒气的原因之间几乎没有时间差，所以看起来两者之间存在非常明显的因果关系。实际上，不管看起来这因与果之间间隔的时间是多么短暂，在那一瞬间当事人已经做出了判断，或决定把怒气发泄出来，或决定就此忍耐，即选择了对他们自己来说是"善"的行为。

很多情况下，怒气是为了支配他人而产生的。如果我们知道发怒的目的是什么，那么就能验证这一次的发怒行为是否最终有效地达成了这个目的。当然，支配他人的意愿本身也大可商榷。如果一个人说话总是疾言厉色，那他一定有过以这种方式令别人听他的话的经验。但在这种情况下，即便别人听他的话，肯定也是心不甘情不愿的。如果他能领悟到这一点，也许就会采取和过去不一样的行为了。

关于心理创伤

阿德勒曾对心理创伤做出过否定的批判。但这不意味着他本人对于心理创伤一无所知。第一次世界大战时，阿德勒曾以军医的身份参军。他在战场上见过人与人互相残杀的现实。

当人被迫无法出于自身意志做出选择时，他们就可能会精神失常。但阿德勒之所以否定心理创伤，实际上是不认同只要遭遇了坏事就必然对心灵造成伤害的这种绝对因果链。当然人在遇到重大事件时会受到巨大的影响，但即便是相同的一件事情，也并非会令每个经历者都产生同样的心灵创伤。

阿德勒的说明如下：

"任何经验本身并不是成功也不是失败的原因，我们不要因为之前经验所产生的冲击——也就是所谓的创伤——而痛苦，而是要从经验中找出能够使我们达到目的的东西。不应由经验来决定自我，而应该由我们赋予经验的意义来决定。当我们以某种特殊经验来作为自己未来生活的基础时，很可能就犯了某种错误。意义不是由环境决定的，而我们则以我们赋予环境的意义决定自我。"（《自卑与超越》）

"从经验中找出能够使我们达到目的的东西"这句话中的"目的"，如果指的是"从人生的种种问题中逃走"这件事的话，那么一旦出现心理创伤，我们就会想要达成这个目的。这也是阿德勒所认为的问题所在。

　　比如，声称自己有心理创伤的人，在面对困难的时候，有时会出现越来越明显的逃避倾向。本来就不想工作的人，也许会把心理创伤作为理由，更加逃避工作。

　　又比如，在经历过灾害或事故后的初期，当事人回到事发场所时，经常会心跳加速，也可能出现头痛的症状；但久而久之，一些人就会发展为仅仅接近事发场所就会出现应激反应；那之后甚至很快就会恶化到连门也不愿意出的地步。

自卑情结

　　当然，我们很难对受到巨大打击的人做出这种说明。

　　因为有 A 所以才做不到 B——这是我们在日常生活的很多情况下使用的理论，阿德勒称之为"自卑情结"。这里的 A 指的就是自己和他人都不能不接受的理由。比如神经症，或者在这里被我们视为大问题的心理创伤。

　　人在不得不自相残杀的时候，肯定无法保持正常的心理状态。在遭遇灾害的时候也是一样。因为此类情况的发生不是我们的自由意志可以决定的。

　　既然如此，为什么阿德勒要否定心理创伤呢？因为，无论经历了多么痛苦的过去，我们也必须继续生活下去，所以不能把心理创伤当成理由，去回避那些必须由我们自己解决的问题。

　　即便心灵受到伤害，也不是所有人都一定会得心理疾病。有的人为了逃避人生问题会声称因为某次不愉快的经历导致了心理创伤；虽然他们这样说的依据在于决定论，但其实这决定论也是蕴涵在目的论中的。因为他们最终还是有一个目的，那就是希望能将自己不努力解决问题的态度合理化，只不过他们在这里使用了决定论的方法。

　　即便遭遇大难后出现了创伤后反应，重要的是，不能让这些症状恶化和长期化。所以，我们也决不能回避人际关系的问题，不能把过去的经历当作现在的问题的原因而不去积极地面对它们。

目的也是原因之一

　　上节我们提到，决定论是蕴涵在目的论中的。亚里士多德认为目的也是原因的一种。以雕塑为例，青铜、大理石和黏土是其"质料因"（构成事物的原材料），雕刻家是其"动力因"（行动开始的起点），雕塑所表现的以及雕刻家所描绘的形象是其"形式因"（事物的本质），最后还有"目的因"（事物产生的目的）。除了目的因之外的其他三因，即便俱全，雕塑也不能成形。因为如果不是雕刻家想到要制作这个雕塑，那么它从一开始就根本不会存在。必须首先抱有某个目的，比如为了把他卖给别人，或者为了留给自己欣赏，雕刻家才会决定制作这个雕像。

苏格拉底在被判处死刑后，没有逃跑，而是选择坦然面对。这也许可以用他自己所说的骨头和筋腱的构造，也就是身体的条件来解释。但归根结底，如果苏格拉底不认为赴死对自己来说是"善"，那么他早就已经逃到迈加拉或维奥蒂亚去了（柏拉图《斐多篇》）。

这"善"才是"真正意义上的"原因，其他的原因都是"副原因"，这些"副原因"也是事物产生和发展的不可缺少的必要条件，但毕竟不是"真正的原因"。

阿德勒以目的论作为理论根基，但这并不意味着他的理论只关注目的。他认为事物发生的主要的原因是目的。针对某一行为提出"为什么要这么做"这个问题时，阿德勒所使用的"原因"这个词语，指的并不是"严格意义上的物理学或科学的因果关系"（《儿童教育心理学》）。

例如，大脑和其他器官的生理上的状态变化，会成为引发心身疾病的质料因。症状是因为质料因而产生的，但显然制造症状并不是我们的目的。从目的论的立场来看，并不是只要质料因存在就必然会引起症状。

但另一方面，如果没有质料因，我们也就不会生病。比如，心肌梗塞的原因是冠状动脉硬化。我们虽然把冠状动脉硬化的症状称为心肌梗塞，但是病人的身体也不是为了实现心机梗塞这个目的才让冠状动脉硬化的。

关于人的经验也是一样，经验未必一定会导致心理创伤。过去的经验虽然是现在的问题的原因（质料因），但并非是前者引发了后者。

有人认为，孩提时代被父母虐待的经历，与成年后无法与伴侣和睦相处之间有着因果关系。但这充其量只是"表面"的因果关系。其实，正如我们刚才讨论过的，过去的经验与现在的问题之间的所谓"因果关系"的背后，有着人们想要逃避问题的目的。

如果坚信这所谓的因果关系，并且向无法回溯的过去的经验追讨如今人际关系上种种问题的根源，那么人就可以说服自己，不用解决眼前的问题了。所以人之所以会用因果来解释过去与现在的关系，到底还是因为想要模糊自己在人际关系中的责任。

超越决定论

阿德勒是生于十九世纪的思想家。当时，有很多思想家都认为人类是受到肉眼不可见的规律所支配的，世界也是如此。

比如，弗洛伊德就认为无意识决定意识，但这些思想并非古希腊时代以来的主流。

这种思想之所以存在，是因为只要把生活的不易和不幸的原因归结到心理创伤或社会阶级上，自己就不用负责了。

无论什么样的时代，那些看得到肉眼不可见的规律的人往往手握权威。阿德勒说过："*不能让患者处于依赖他人和不负责任的位置。*"(《*自卑与超越*》)

因为如果患者把自我选择之外的事物当做其生活不易和不幸的原因，那么他们就无法认清自身的责任了。

　　"处于依赖他人的位置"指的是对患者说诸如"不是你的错"之类的话。如果治疗者令患者相信"不是自己的错",那么就是在告诉患者可以依赖他们。一旦洞察了这一点,在此之前一直抱有自责心态的人就得到了精神上的宣泄。即便是那些十分抵触治疗者的解释的患者,只要对他们说类似"你只是自己不明白罢了"这样的话,就能很容易使治疗者处于权威者的位置,并且轻易引发患者对他们的依赖心理。

关于原罪

　　基督教认为人天生有罪,因此无论行多少善,人也无法得到救赎。

　　《圣经·诗篇》中有一处把人比作"翻背的弓"。"罪"这个词在希腊语中写作 α μαρτ ι α(hamartia),本意是"偏离靶心"。如果说人做一切应该做的事就是"正中靶心",那么弓箭偏离靶心指的就是"罪"了(北森嘉藏,《圣经解读》)。但若这把弓本身就是扭曲的,那么人不管怎么练习也无法射中目标。

北森嘉藏指出，《新约》借圣保罗之口也表明了同样的观点。

> "因为我所做的，我不明白；我所愿意的，我没有去做，我所厌恶的，我倒去做。"（《罗马书》）

我认为，人之所以无法实践善行，不是因为弓是扭曲的所以再怎么练习也无法射中目标，也不能说只要弓是完好的就能在不断练习之后射中目标。与其说是因为练习不够，倒不如说是因为人对于"善"的本质的认知不够。在迷失目标，或者无法认清目标的情况下，无论怎么练习都是没用的。套用柏拉图的说法，认清目标在哪里指的就是认清何为"善"（有利）。只要知道"善"的本质，就不会出现不管怎么努力也无法实践善行的情况，也不会出现因为练习不够而导致无法实践善行的情况。

圣保罗所说的"无法做自己愿意做的事"的情况也不会存在。总之，只要知道何为"善"，就一定能够实践"善"；如果无法实践"善"，那一定是因为不知何为"善"。

把现在的问题归因于过去的这种观点，与原罪思想是相同的，二者都是免责的理论，也都属于决定论。如果抱

有这样的想法，那么就真的无法得到救赎了。然而，不愿
正视自我责任的人仍然会支持这种免责的理论。

作为启蒙思想的主知主义

当然，有的人选择这样的想法并非为了免责，而可能
是另有目的。人在遇到自己能力范围之外的事物时，大都
会认为靠自己的力量什么也办不到，行动的意志很容易就
会受到挫折。这类认为自己什么都办不到的人也是决定论
的支持者。

如果人在面临问题的时候自暴自弃地认为自己什么也
做不了，只要存在这种想法，他们就只能放弃努力，接受
现状了。

这样的结果对一部分父母、教师、上司和执政者来说
是有利的：他们省去了很多麻烦。他们认为，子女、学
生、部下和国民如果知道自己能够改变现状，这对于权威
人士来说就会构成威胁。能够理性判断的人，是很难以感
性的方式被说服的。

决定论是一种反启蒙的思想。在古希腊的雅典，虽然

学者们已经开始用科学的方式说明日食发生的原理，但反启蒙的思想仍然占据主流，令时代难以进步。

当时，哲学家阿那克萨戈拉提出了日食和月食分别是由于月球和地球遮住太阳光造成的，以及月光只不过是太阳光的反射等观点。

在波斯战争的前奏——吕底亚和米迪亚两国的激战中突然发生了日全食。后来，统治雅典三十年的伯里克利出发远征伯罗奔尼撒半岛之前，也遇上了日食。水手们以为这是某种不祥的征兆，十分恐慌。于是伯里克利便展开自己的雨衣，遮住了水手们的视野。告诉他们日食就如同这雨衣，只是令人眼前昏暗罢了，只不过日食比雨衣覆盖的范围要大得多，绝不是什么可怕的前兆。伯里克利的解释用的就是刚才我们提到过的阿那克萨戈拉提出的观点。伯里克利之所以不是一位平庸的政治家，就是因为他向阿那克萨戈拉学习了很多知识。

然而，伯里克利死后，西西里岛发生月食时，不仅士兵，就连身为将军的尼西亚都认为这次月食是不祥的征兆。当时雅典军队已经决定立刻从叙拉古撤退，但因为月食延迟了行动。结果叙拉古军队借机封锁了海湾的出口，雅典军队失去了逃跑的机会，并受到叙拉古军队海陆两面的夹击，最后全军覆没。

我们不知道伯里克利时代的启蒙运动究竟已经前进到了哪一步。但有一点是毫无疑问的，那就是尼西亚所坚持的迷信思想令时代倒退了。

知善者必能行善，这种主知主义式的思想无论在哪个时代都没能长期成为主流。在前文我们说到，三木清指出幸福不是单纯感性的东西，必须将主知主义与伦理上的幸福论相结合。古希腊时代以来对于幸福的看法，即人皆向善、人都想要幸福，都是由解答何为善、何为幸福的知识所支撑的。

这样的观点，与强调反智的幸福感的观点是无法相容的。正如我们已经提到的幸福与幸福感是截然不同的。

责任在于选择者

在古希腊，人们认为每个人身上都有指引各自命运的"守护神"（柏拉图，《斐多篇》）。但柏拉图与当时人们的共识不同，他强调命运不是被赋予的，而是个人自主选择的。

　　"责任在于选择者，而不是神。"（柏拉图，《理想国》）

　　如果承认自由意志的存在，那么就必须自己承担做出选择的责任。不能将伴随这选择而产生的责任推给他人或他物，应该积极地做出选择，并且坚信这选择就是"好的"，而不是退而求其次的"还好"。

　　然而也有人曲解这个观点，打着自我责任论的名头，说出诸如"你的不幸是自作自受""疾病的原因在于患者本身"这样的话。

　　但是，"责任在于选择者"这句话本来针对的是人的自助行为，它的意思是自己的选择应该自己负责。但如果以"因为是你自己做出的选择，所以因此产生的责任也应该由你自己负担"这样的理由，去责怪因选择而陷入困境的人，认为他们自作自受，甚至不去帮助他们——这就违背了这句话的初衷。

　　明白自主选择的风险性的人，可能会放弃做出自主选择的权利，或者会对此表现出犹豫的态度，最后听从别人的决定。因为只要这样做，就能在后来出现问题的时候免于承担责任。

　　当然自己做出的选择未必一定能够顺利发展。倒不如说，正是因为很多人都预见了它的不顺利，才不愿意做出自主选择。但我认为，真遇到不顺利的时候，如果是因为听从了他人的选择才导致发展到这个地步，怕是谁也无法接受这样的理由。只有是自己做出的选择，人们才会无论结局如何都坦然接受。我想，谁都无法认可任由他人代为选择所带来的结局。

　　本章我们讨论了人的自由意志。承认这一点是需要勇气的。因为人会本能地逃避自我责任。

　　但是，人并不是只会受到过去的经验和周围环境影响的被动存在（reactor），而是能够以自由意志决定人生的主动存在（actor）。即使冒着犯错的风险，也能够选择和决定自己的人生——也正因为如此，我们才能重获作为人的尊严。

第 4 章　与他人的羁绊

阻挡我们实现目标的人当然存在。在这样的人际关系中，我们到底是如何与他人相联系的呢？根据我们看待他人的方式的不同，我们对幸福的认知也会不同。

是的，我们可以选择和决定自己的人生，但在这世界上，人是无法独活的。阻挡我们实现目标的人当然存在，在这样的人际关系中，我们到底是如何与他人相联系的呢？这其中是否存在敌对关系呢？根据我们看待他人的方式的不同，我们对幸福的认知也会不同。本章我们要明确指出的是，不应该把他人当做自己的敌人，应该与他人建立伙伴关系，这样我们就可以摆脱自我中心性，而这一点与幸福也是密切相关的。

人无法独活

人并非独自活在这世上，而是活在与他人的关系之中。一个人是不足以被称为"人类"的。

人作为个人是有局限性的。阿德勒说过：

"如果一个人独自生活，并且只想独自解决他的问题，那么他只会灭亡。"（《自卑与超越》）

阿德勒在看待人类这种生物的时候想到的是，在自然界中我们是一种弱小的存在。但人无法独活这个事实，并不仅仅表明了我们作为生物的弱小。

"我们身边有其他人，并且我们与他们息息相关。"（自卑与超越）

阿德勒把人与人的联系称为"共同体"，这共同体最初形成于两个人之间，其最小的单位就是"我"和"你"。而"我"和"你"之间的关系最后将扩展到人类全体。

神学家八木诚一用"面"这个词来说明人与人的关系（《真正的生活态度》）。八木诚一认为人存在的状态是一个四边体，并且，这个四边体的某一边不是实线而是虚线。这条虚线即是我们与他人接触和发生关联的边界。没有他人，我们无法生存；而对于他人来说，即便没有我们，也必须在与别的他人的接触中生存下去。

人与人通过"面"相连接。他人的"面"也有虚线的一边，借此向我们敞开。因此当我们的"面"与他人的"面"相连时，其实二者的虚线边正好处于互相填补的状态。所以人只有自己是无法完整的。需要他人补充我们的"面"，从这层意义上来说，我们与他人总是联系在一起的。

例如，婴儿一刻也离不开父母，否则就无法生存；养育孩子的母亲需要得到丈夫的帮助；而她的丈夫晚归时看到孩子的睡脸，疲惫的身心得到了安抚，第二天工作就会更有干劲。这就形成了一个循环。

虽然共同体的最小单位"我"和"你"会发展成规模更大的共同体，但是并非只要人聚集在一起就能形成共同体。"我"和"你"也是一样，如果仅仅是待在一起，那么关系也不能成型。

　　以亲子关系为例，父母不仅仅是因为子女是子女才爱他们，子女同样不仅仅因为父母是父母才爱他们。爱的技术是必须的，否则，即使是亲子关系也可能决裂。

　　人并非仅仅在行为上与他人产生联系。比如婴儿，即使他们还过于年幼，无法在行为上真正实践些什么，但他们也能够以存在的方式使自己的"面"与父母的"面"相结合，并带给父母精神上的慰藉。这就是为什么父母看到孩子熟睡的面庞，总会感到心灵受到治愈。而这些都是在本人无意识的情况下发生的。

　　从这层意义上来说，即便是卧床不起的病人，也能和婴儿一样支持别人，为别人做出贡献。但这是有条件的。关于这个条件是什么，我们会在后文中解释。这里先做一下预告：如果与他人反目，并且对立，那么就不容易与他人产生联系了。这样一来，就连"我"和"你"之间的关系也难以形成，更不用说建立更大的共同体了。

纵向关系和横向关系

　　人与人之间的关系分为两种，一种是纵向（高低）

的关系，一种是横向（平等）的关系。以男女关系为例，现在还认为男性地位一定高于女性的人可能已经不多了。我在这里之所以用了不确定的语气，是因为实际上对于男权至上主义坚信不疑的人也是存在的。

再以成年人与儿童的关系为例。现在也还有很多人都认为在两者的关系中，成年人处于"高"的地位，而儿童处于"低"的地位。并且人们认为这是理所当然的。虽然在本书中我们不打算讨论这个主题，但是很多人都认为为了教育孩子责骂是必要的。如果成年人与儿童的关系是平等的，那么也就不可能有打骂孩子的现象出现了。

在职场的人际关系中，职位的不同并不意味着人际关系的尊卑。然而，有的上司仅比下属早一些进入职场，也许比下属多储备了那么一些知识和经验，便以此为借口，认为既然自己被提拔成为领导者，就应该用与过去不同的态度对待别人，动辄斥责下属。

即使在所拥有的知识和经验、所承担的责任的量上存在不同，人与人之间也是平等的。这本应该是如今这个时代的共识，但现实中却并没有得到彻底的认同和贯彻。

遥远的距离

其次，从心理距离及持续性来看，人际关系可以分为三种：工作关系、交友关系和爱的关系。

对于一天中大多数时间都在职场度过的人来说，一旦职场人际关系出现问题，他们就会感到工作举步维艰。但是，无论在职场上耗费多么长的时间，工作关系仅是一时性的，并且是不深入的，所以如果离开了职场，就没有必要再去考虑职场上的人际关系了。

我们与朋友相识的经历虽然是各式各样的，但有一点是相同的，那就是和基本上无法脱离利害的工作关系不同，交友关系是超越利害的。在与某人交朋友的时候，我们根本不会去考虑得失。

爱的关系指的是与伴侣的关系以及与家人的关系。子女总有一天会独立生活，而与伴侣的关系如果发展不顺利，也可以选择分开。

还有亲戚，这世上也有很多人觉得亲戚归根结底也是其他人，如果给自己带来麻烦，也不是不能与他们一刀两断。

其实在与家人的关系中，最难处理的恰恰是与亲生父母的关系。因为亲子关系是无法真正断绝的。但这并不仅仅涉及诸如子女应该孝敬父母、在父母年老后赡养他们之类的道德问题。不管关系好坏，我们都无法无视与自己长期共同生活的父母。只要有可能，我们都想建立良好的亲子关系，但是有时候父母很难做出改变，有时候他们甚至会忘记我们所珍惜的曾经发生在彼此间的一些事情。

人际关系中的距离很难把握。距离太远或太近都会导致我们无法帮助别人。

大多数情况下，亲子间的距离都太近了。父母会介入子女的生活，干涉他们的一切，包括那些必须由他们自己解决的问题。

但是即便是父母，也无法对子女的人生负责。常常有父母反对子女的升学，就业和结婚，然而他们的反对即使真的改变了子女的人生方向或结婚对象，这也并不意味着他们就能为因他们而改变了的子女的人生负起责任。

当然，一味听从父母的子女也有问题。明明是自己的人生，没有必要一味听从父母的话而放弃什么。但有人还是会听父母的，因为他们认为这样一来，一旦后来遇到挫

折，就可以把责任转嫁到父母身上。但是，其实在他们决
定听从父母的那一刻，属于他们自己的、做出听从父母这
一决定所导致的责任就已经形成了。所以他们无法以
"自己当时其实本不想照着父母所说的去做"这样的理由
来为自己辩解。

是敌人还是伙伴

那么我们应该把他人当做一有机会就会陷自己于不义
的"敌人"呢，还是必要时会给予我们帮助的"伙伴"？
这是因人而异的。当成敌人还是伙伴，两者之间也有着极
大的不同。

到底该如何看待他人，这个问题没有明确的答案。阿
德勒在第一次世界大战期间，提出他人即是"与我们自
己相结合的人"。在德语中，这个词被称为 Mitmenschen
（伙伴）。

这个词的反义词为 Gegen menschen，它指的是人与人
对立（gegen）或敌对的状态。我把它译为"敌人"。很
多人并不认为他人是与自己息息相关的存在，反而认为他

人是会趁机陷自己于不义的敌人。另一方面，对于那些把他人视为伙伴的人，即使他人中确实存在某些称不上伙伴的人，他们也会把这些人当成例外处理。

将他人视为敌人或视为伙伴，这是充满随意性的，是没有理由的。被讨厌了、被伤害了、言语行为或性格都不是绝对的原因。

一旦我们不再想与某个人发生关联，那么之前我们所认为的他的优点就会变成缺点，在我们的眼中，可靠的人会变得控制欲强烈，温柔的人则会变得优柔寡断。

在前文中我们讨论过，有的人之所以认为自己没有价值，是因为不想与他人建立关系。为了不用置身于可预见会给自己带来伤害的人际关系中，他们做出了极低的自我评价。

而把他人当做敌人的人也是为了不使自己处于人际关系中才做出如此判断的。因此，很难说实际上他人是否真的是他们的敌人。把他人当做敌人是很简单的，如果遇见过哪怕只有一个对自己不怀好意的人，那么只要把这个人针对自己的看法、态度和反应一般化，投射到所有人身上就行了。

他人不是我们的敌人而是伙伴

阿德勒说："一切烦恼都源自于人际关系。"其实，人与人的关系必然会引发摩擦。有人于是认为，与其经历这种令人不快的经验，不如从一开始就不要与任何人建立关系。他们会这样想也是不奇怪的。

然而，生活的喜悦和幸福都只能从人际关系中获得，因此我们只能置身其中。但是，怀着对受到伤害的觉悟走进人际关系是需要勇气的。没有这份勇气的人，就会把他人当做敌人，逃避人际关系。反过来说，如果能把他人当做伙伴，那么就会拥有令自己投身于人际关系的勇气。

那么，如何才能获得这份勇气呢？阿德勒是这样说的：

"我只有在认为自己有价值的时候，才会充满勇气。"

他所说的"勇气"就是置身于人际关系中的勇气。怎样才能相信自己是有价值的呢？关于这一点我们会在后文中探讨，总之，既然我们只能从人际关系中获得生活的喜悦和幸福，那么为了融入人际关系，就不能与他人为敌，而应该将他们视为我们的伙伴。

共同体的意义

阿德勒所说的"共同体"（即"礼俗社会"）是与意味着目的和利益的"法理社会"相对应的。礼俗社会本来指的是共同体内部十分团结，而对于外部世界采取敌对态度的一种社会形式。这样的社会，外来者很难成为其中的成员，即使一时被接纳，也始终只能以旁人的身份存在，无法真正融入。

但阿德勒所说的"共同体"却不能用以上的意义来解读。它是向外部世界敞开的共同体。

在这层意义上，共同体面对外部世界是无限敞开的。阿德勒用 Mitmenschlichkeit 这个词来表现"共同体感觉"。这个词的意思是人与人的互相关联（mit）。与我们相关的人并不只是共同体内部的人，也有共同体外部的人。

一个律师问耶稣，怎么做才能长生不死。耶稣回答他："要爱你的邻居。"律师问："谁是我的邻居？"耶稣没有直接回答他的这个问题，而是讲述了一个撒玛利亚人的例子。

一个犹太人被强盗袭击，倒在了地上。祭司和路人都装作没看到的样子从他身边经过。只有一位撒玛利亚人看到伤者后，动了恻隐之心。他用油和葡萄酒倒在犹太人的伤处，为他包扎好，然后让他骑着自己的驴子，带他去了旅店。第二天还替他支付了住宿费。本来，犹太人世世代代都与撒玛利亚人为敌，但对于这位撒玛利亚人来说，受伤的犹太人只是他的"邻居"而已。在这一刻，国家和民族之间的异议都被放下了。不是出于义务，他是单纯地为同情心所驱使，才帮助了那位犹太人。

阿德勒所说的"共同体"的意义是十分宽泛的。它不仅指当下我们所属于的家庭、学校、职场、国家乃至人类，而且指过去、现在和未来的所有人类，甚至也指包含一切生物及非生物的全宇宙（《理解人性》）。如果能够这样理解共同体的意义，那么就不可能以犹太人的国籍为理由而不救治他的伤。

阿德勒认为这样的共同体是"无法企及的理想"（《难以教育的孩子们》），它绝不是我们现有的社会。阿德勒提出的"共同体感觉"这个词似乎很容易令人联想到对于现有社会的归属感，但他的原意并非如此，他并不认为我们必须使自己适应某个特定的共同体。因为如果我们像对现有的社会产生归属感一样把自己封闭在自己所属的共同体内，与外部世界隔绝，而不考虑更大规模的共同体的利益，那也是不可取的。

刚才我们谈到了阿德勒用 Mitmenschlichkeit 这个词来表示"共同体感觉"的概念，这个词中的 Mitmenschen（伙伴）和表示"邻居"的词（Nächster、Nebenmenschen）用法几乎相同。这里所说的"邻居"，就像前文故事中受伤的犹太人之于那位好心的撒玛利亚人一样，超越了国家和民族等属性的局限。

"问题的焦点并不存在于现在的共同体（礼俗社会）和社会（法理社会），也不是政治或者宗教上的形式。"（《生活的意义》）

从时间上来看，共同体不仅仅属于我们这一代。从过去到现在，再到未来，一代又一代的人类绵延不断，紧密相连。我们不能仅与同代人结为共同体，也必须要与未来将会出生的下一代人共生。不能只着眼于这一代的利益而不考虑下一代。

首先，我们是人

有人问苏格拉底"你属于哪个国家?"他回答："我是世界的公民。"

我们首先是人。除此之外的一切，无论国籍还是性别，都与"人"权无关。年龄也与"人"权无关，年幼无知不是态度错误的理由。

他人的存在

在这个世界上，到底是否存在和我一样活生生的人呢? 这个问题困扰了我很久。小学时我知道了人是会死的，也是从那时候开始，这个问题就和"人死后会变成什么样"一并成为了我心中的"大问题"。那时我以为，他人只存在于我心中，也许他们只不过是我的影子。

我之所以会那样想，可能是因为那时没有哪个大人阻止过我做我想做的事情，也可能是因为我从来没做过什么大人们必须阻止我做的事情。直到后来，我的人生道路上突然出现了挡在我面前的人，我才发现，他人会无视我的意志，强行介入到我的世界中来。

那是我妹妹出生后的事了。小孩子有了弟弟妹妹就会发现，父母不再像过去那样只关注自己一个孩子了。站在父母的立场上来看，他们确实心有余而力不足，但是孩子们很可能无法理解家里到底发生了什么，或者即使理解了，他们也不愿意接受这个现实。

等孩子们开始与托儿所或者小学里的同龄人一起生活，他们才终于明白了这个道理：自己不是世界的中心。但是，也有不少人直到长大成人，也始终坚信世界是围着自己转的。

所属感

在某个共同体中拥有一个安身之所能够令我们感到安心，这也是我们作为人类的基本需求。但是，任何人都只是共同体的一个部分，而不是它的中心。

阿德勒经常引用的病例中的广场恐惧症患者，他们并非因为害怕外部世界才不愿意外出，而是因为在外面，他们无法像在家中那样受到关注，不得不承认自己并不是别人关注的焦点，而只不过是人群中的普通一员罢了，这对他们来说才是最可怕的。

对于理所当然地把自己当成共同体中心的人来说，也许很难理解"你虽然属于共同体，但只是它的一个部分而不是它的中心"这句话。仅仅不是中心，并不是说他们被抛弃了，就会让他们以为已经失去了在共同体中属于自己的位置。

人在出生后会有很长一段时间，做什么都无法离开父母的帮助。但随着成长，能自己完成的事情会变得越来越多。即便如此，有的孩子也会认为自己无论长到几岁都什么也做不好，就连父母也会这么想。所以，这样的孩子永远也无法自立。

像这样被父母溺爱着养大的孩子，长大以后也会认为自己是共同体的中心，他们希望守护自己的人永远守护自己。在恋爱关系中，他们也会不断向对方索求关爱，但却从不考虑自己能为别人做什么。这种恋爱的结果不难预想。

那么，怎样才能脱离这种自我中心性呢？在后文中我们会详细讨论这个问题。在这里，我们首先希望大家能够确认这一点：人不能总是把自己放在接受他人好意的地位上，因为我们不是共同体的中心，他人不会永远只关注我们。

为他人付出

根据八木诚一的"面"理论，"我"的面因他人填补了虚线的那一边而圆满，同样，"我"也必须填补他人的"面"中虚线的一边，这是人与人存在的形式。

不过，填补"面"其实并不需要什么特殊的方法。因为我们"存在着"的状态就已经令他人的面圆满了。同样他人也仅仅只是"存在着"，就已经填补了我们的"面"。例如，看到孩子熟睡的脸庞能够令下班晚归的父母疲劳尽散，这也正是因为孩子是"存在着"的。

同样的事放在我们自己身上也是一样的，我们自己的存在本身对于他人来说也是一种喜悦，即使不做什么特别的事，也能填充他人的"面"。我在心肌梗塞发作住院后，躺在病床上无法动弹，当时不能读书，也不能听音乐。几天后我想到，当我们听说家人或亲密的朋友住院了的时候，都会不顾一切地往医院赶吧。无论病得多么厉害，只要确认他们还活着，我们就高兴极了。既然如此，我从心肌梗塞中的生还对于家人和朋友来说当然是一件可喜的事。仅仅是这样活着，我就能以自己的存在将别人向我敞开的"面"填补完整。

正像孩童会成长，他们的存在和行为会填补他人的"面"，病人也许会痊愈，也能够像从前那样填补他人的"面"。

我把填补他人的"面"称为"贡献"。这种贡献不是单纯的行为，我们只能从存在的角度去理解它。关于这一点，我们会在后文中继续讨论。

摆脱自我中心

"我"不是共同体的中心——为了明白这个道理，我们首先必须明确的一点就是他人必然是超乎我们理解的存在，我们不可能完全理解他人，同样的，他人也无法完全理解我们。

其次，我们无法按照自己的意愿控制他人。阻碍我们的意愿、与我们的想法迥然不同的人必然是存在的，有的人认为，遇到这样的人时只要态度强硬就能够解决问题，其实不然，我们只能坚持不懈地努力说服他们。

前文中我们谈到，人拥有自由意志。但是，拥有自由意志的当然不只是我们自己，他人也和我们一样拥有他们的自由意志，所以我们不可能像移动物体那样控制别人的行为。反过来我们也不会为他人所控制。

他人是无法理解的，也是无法控制的，认识到这一点对于摆脱自我中心性是十分必要的。

认为自己是共同体中心的人，从来都只想到他人能为自己做什么，并且他们会利用那些愿意为他人付出的人的好意。阿德勒把这种行为称为"榨取他人的共同体感觉"。

他人为我们提供的帮助是他们的善意而非义务。有的人却会因为获得的帮助和自己想要的不同而生气，这是毫无道理的。

如果能够像上文所说的那样看待他人为我们的付出，那就一定能理解，我们不是共同体的中心，并且他人不是为了我们而存在的。

邂逅打破自我封闭

《涅槃经》曰"盲龟浮木"，说的是在大海深处住了一只巨大的盲龟，每经过一百年才浮出海面一次。海面上飘荡着一根浮木，浮木上有一个孔洞。有一次当盲龟浮出水面时，恰好把头钻进了浮木上的孔洞。这个词被用来形容极其稀少的偶然性。

其实，我们每一天的每一次与他人的相遇都充满了"盲龟浮木"般的偶然，而我们立刻就会忘记这些偶遇。

前文中我们讨论过，如何才能使这些偶遇上升为邂逅。邂逅的对象不是随便谁都可以的，而必须是独一无二、不可替代的那个人。然后，因为这样的邂逅，我们才会向他人打开封闭的自我世界。

陀思妥耶夫斯基的《卡拉马佐夫兄弟》中，有一条三儿子阿辽沙和一群少年们交织而成的故事情节线。这群少年中有一位十三岁的柯里亚，他认为在阿辽沙面前必须显示出自己是个独立的、与他对等的人，这才不失面子。柯里亚十分在意阿辽沙的一举一动，他一边发表长篇大论，一边偷偷注意阿辽沙的反应，但阿辽沙只是沉默着，柯里亚便以为自己被他轻视了，但阿辽沙却赞美他"虽然被那些胡说八道带歪了方向，但仍然拥有优秀的天性"。

柯里亚这才知道，原来阿辽沙其实欣赏他。他便坦白了，其实刚才他一直装腔作势地想让阿辽沙以为他是个"了不起的家伙"。这坦白来之不易，柯里亚突然意识到，他与阿辽沙的相遇正是一次宝贵的邂逅。

关于柯里亚这个任务，哲学家森有正是这样描述的：

"他本质上是一个十分在意与他人关系的人。他的一切想法都以自我为中心，一切行为都以强调自己的优秀为重点。其他所有人对他来说，都只不过是衬托自己的背景板。"（《陀思妥耶夫斯基笔记》）

但这样的柯里亚却在与阿辽沙的邂逅之后，敞开了自我封闭的内心，换句话说，他打破了自我中心的壁垒。

这样的邂逅会使人焕然一新。对于一味地把他人当成阻碍自己的存在的人来说，如果邂逅了能够改变自己生活方式的人，那么就不会再把他人当成自己的阴影了，他们也会明白，人是无法在这个世界上独活的。

118

"我-汝" 关系

宗教哲学家马丁·布伯认为，人对世界的态度可以分为两种。

一是"我-汝"关系，二是"我-它"关系。

在"我-它"关系中，"我"视"你"为作为客体的"对象"（它）。而前者，也就是"我-汝"关系则是一种与此截然不同的态度。

"在我与汝（Du）的关系中，我实现了'我（Ich）'。在实现'我（Ich）'的过程中，我得以称述'你'。一切真实的人生皆为邂逅（Begegnung）。"（布伯，《我与汝》）

在毫无言语交流、将人化为对象的"我-它"关系中，不存在真正的我与你（汝）的邂逅。我若只是我，则无法实现"我"。我因与你邂逅而实现"我"，这样的我才可称你为"汝"。

与你邂逅后的我已不再是过去的我。我脱胎换骨。我以我的全部人格与你面对——在这样的"我-汝"关系

119

中，布伯使用了诸如邂逅（Begegnung）和 Erleben 这样的词汇。Erleben 指的是"体验"，它与表示"仅在事物表面徘徊"（视其为对象）之意的"经验"（er-fahren）是不同的。

也就是说，我"生存"（leben）于你之中。这样的经验是相互的，所产生的影响也是相互的，两个人的邂逅便发展为"共生"（mitleben）。

普通意义上的相遇不足以被称为邂逅，因为在这样的关系中，我们已经将我们遇见的对方对象化了。无论发生多少次，这样的相遇也不会给我们的人生带来变化。

共存

哲学家木田元认为，人在本质上是以"与……共存"（être avec…）的形式存在的，"人不是孤立存在的，也不是作为孤立的个人与同样孤立的他人相遇，然后才进入共存的关系，而是原本就与他人共存着。"（《偶然性与命运》）

正因为如此，人只能通过与他人的共存达到自我的完整。然而，"反映在我们意识中的自我观念却取代了原本的'与他人共存'关系中的'他人'，形成了'自己-自己'的构造，而他人则被排挤到了相对于'自己-自己'这个关系而言的客体的位置。"（《偶然性与命运》）

但邂逅能够打破这样的自我封闭，摧毁'自己-自己'的构造，重建'自己-他人'的构造，恢复人的存在形式的本来面貌。

阿德勒之所以认为"对自己的执着"（Ichgebunden-heit）是有问题的，也是源自于同样的认知："人在本质上是以'与……共存'（être avec…）的形式而存在的"，并且人原本"就与他人共存"，只有这样，人才能成为完整的人。

既然如此，人就无法仅靠自己的想法做出判断了。对于习惯独立做出判断的人来说，他人不会对自己有任何影响。这类人从本质上来说是不需要伙伴的，所以他们不会主动寻找帮手。如果别人对他们感兴趣而主动靠近，那么他们也会阐述自己的观点，但因为对别人的一切都毫不在意，他们也不会主动询问对方的意见。在恋爱关系中，自立而不依赖的态度虽然也是必要的，但是如果一个人根本不认为自己需要他人才能完整，那么他从一开始就不会想要恋爱。

爱情

当我们爱上别人的时候，就会明白，他人不是为了我们而存在的。最开始，我们会因为两个人意见不合又无法传达自己的想法而焦躁不安，而正是在这种时候，我们才会强烈地意识到，对方也是独立的、一直拥有自我的存在。

另一方面，当我们爱上别人的时候，就会忘记认识所爱之人以前的自己。柯里亚因为在意阿辽沙的举动而坦白了内心的时候是这样说的：

"卡拉马佐夫先生，我们俩的对话真有点像表白爱情了。"

在与阿辽沙邂逅之前，柯里亚认为一切都是围绕着自己转的。但现在，他的世界开始以阿辽沙为中心而转动起来了。只要不再认为自己是世界的中心，就能够摆脱自我中心的态度。

人只要开始意识到自己不是独自活在这个世上的，他们的人生主语就会从"我"变为"我们"。最终，对于"我们"的认知会超越"你我"二人的范围，扩展到整个社会共同体。但是，这个从两人发展为共同体的认知扩展的过程并不容易。

从"我"到"我们"

在柏拉图的《会饮篇》中，喜剧作家阿里斯托芬讲了一个故事。他说，过去的人类和现在的人类不一样，现在的两个人合起来才是过去的一个人。所以过去的人手和脚各有四只，两张脸孔一前一后，有四只眼睛，两张嘴，一个人的力量顶得上现在的两个人。但这些过去的人类忤逆了神明，作为惩罚，宙斯把他们砍成了两半。

阿里斯托芬认为，寻找被神分开的另一半从而使自己恢复完整的行为就是爱情。这也是现在我们常说的"另一半"这个词的典故来源。

除了和自己喜欢的人的关系之外，其他的人际关系也是十分重要的，但有些人却忽视了这一点，回过神来才发现，自己身边空无一人。恋爱可以说是一个能够令我们意识到自己并不是独活在这世界上的突破口，但我们最终必须将恋爱所构建的"我"和"你"的二人共同体扩展成为更大规模的共同体。

原本，两个人之间的爱情就不是只要喜欢对方就能成立的简单命题。即使遇到了"另一半"，也不意味着一定能够实现爱情。

分清这是谁的课题

为了摆脱自我中心性，我们必须明白有些事情我们只能亲力亲为。当然，人不是万能的，必要的时候也可以向他人寻求帮助，甚至有些事我们必须在他人的帮助下才能完成。但是对于那些自己可以完成的事情，我们应当尽可能地不要依靠别人，自己的事情必须自己做。

然而，有的人自己能做的事也要别人来做，他们认为别人理所应当帮助自己，而且责怪那些不来帮助自己的人。这类人的想法就是自我中心的。

为了摆脱自己是世界中心的想法，必须分清眼前的课题到底是属于谁的。当某件事情发生的时候，我们应该好好想想，这件事最后的结果给谁带来的影响最大？或者这件事的最终责任应该由谁来承担？这样我们就能看清这件事到底是谁的课题了。

例如，学习或不学习，这原本是孩子自己的课题。如果孩子不学习，那么因此感到为难的人应该是孩子本人而不是父母，不学习的责任只能由孩子自己承担。因为最后的结局只会反映在孩子身上，这是他们必须自己负责和解决的问题，别人是无法代为完成的。

当然根据事态的不同，有的时候我们也会遇到无法自己解决的课题，这时就需要向他人寻求帮助。但是如果从一开始就寄希望于别人，这样的想法就是错误的。

自己的事自己决定

即便如此，还是会有人将必须自己决定的事情交由他人决定。这类人在事情进展不顺的时候，就会把责任转嫁给他人。

有的人很害怕被父母讨厌。我很惊讶他们会因为不想令父母难过甚至放弃与自己喜欢的人结婚。但其实，他们之所以无法拒绝父母的劝说，并不是因为他们多么看重父母的意见，他们只是想在今后万一出现问题的时候，可以把责任转嫁到父母身上。

但是，即使他们想把责任转嫁到父母身上，实际上这是无法做到的。因为，子女听从父母的决定和他们自己做出决定其实是一样的。

这是我们自己的人生。我们无法为了满足父母的期待而活在他们的人生中。自己的事情自己决定，这是我们自立的表现。

没有人不在意别人如何看待和评价自己。但是，他人怎么看我们是他人的问题，不是我们的问题。既然是他人的问题，原则上我们就爱莫能助。这一点，在后文中我们还会谈到。

即便别人对我们的评价不佳，这与我们的本质也是无关的。我们要做的就是努力成为有价值的人，不需要介意别人的评价，也不需要满足别人的期待。

如果一味在乎他人的想法，那么就会依赖于他人对自己做出的评价。不期待他人的评价，对自我价值的认可和自我决定的能力，才是自立的本质。

　　如上所述，羁绊并不是人作为独立个体在后天才与他人建立起来的，而是本来就已经存在于人与人之间。只有把他人视为与自己紧密相连的伙伴，我们才能有勇气投身这幸福和不幸的源泉——人际关系。

第5章　通向幸福之路

　　自我价值不是通过行为体现，而是原本就存在的。人的价值不在于人的生产性，也就是说它不取决于人能够做什么。

上一章说到，当我们将他人视为伙伴时，才能拥有将自己置身于人际关系中的勇气。但这勇气需要前提，那就是承认自己是有价值的。自我价值不是通过行为体现，而是原本就存在的。人的价值不在于人的生产性，也就是说它不取决于人能够做什么。在明确这一点的基础上。本章将围绕着人怎样才能幸福这个问题，具体讨论实现幸福的方法。

不付出就不会幸福

谁都想要幸福。但是如果仅仅局限于想而不付诸任何实际行动，一味接受他人的好意，这样是无法幸福的。要知道，除此之外我们还有很多必须考虑的事。

人只要活着就无法脱离人际关系，也许它和自己所期望的有所不同，但因为我们也是置身其中的一员，也能够对它的存在方式产生影响，所以如果人际关系不够理想，那么我们就有责任努力改善它。

如果两个人的关系出现问题，那绝不仅仅是其中一个人的错。这就好比一辆停着的车被别的车子撞了，保险公司会判定撞过来的车子必须负全责；但是如果是两辆行驶的车辆撞在一起，那么通常双方都要承担过失责任。

人际关系也是一样，它不是个人的人性或性格的问题，而是人与人之间关系上的问题。只有这样看待它的本质，才有助于我们解决问题。

那么，我们应该做出哪些努力呢？首先就是良好的沟通。陷入热恋的两个人常常坚定地相信，只要相爱，两人的关系就会越来越好，沟通也会自然而然地变得越来越顺利。然而，并不是只要有爱情就能实现良好的沟通。

要注意的是，这里所说的良好的沟通，指的并不是擅长沟通的技巧，而是与对方在一起时快乐的状态。

"拥有"的东西和"存在"的东西

在恋爱关系中，如果不努力改善两人之间的关系，而只是等待着对方来爱自己，那么两个人之间就无法产生爱情。

如果我们想要一朵花开放，就必须给它浇水。浇水是我们养花时的责任。一味等待被爱的爱情是不成立的，换言之，如果害怕受伤而不主动置身于人际关系，就注定无法幸福。许多人都憧憬两情相悦的爱情，但爱情是需要培养的。如果只要两情相悦恋爱双方就能构筑良好的关系，那么恋爱刚开始就已结束，也就不需要过程了。

德国社会心理学家埃利希·弗洛姆认为，"关心"是爱的要素之一。

"如果有一位妇女对我们说她很爱花，可是我们却发现她忘了浇花，我们就不会相信她对花的爱。爱情是对我们所爱对象的生命及其成长的积极的关心。如果缺乏这种积极的关心，那么这种情绪就不是爱情。"（《爱的艺术》）

　　"爱的本质是为之劳作，使其成长。爱与努力是不可分的。我们爱我们为之努力的东西，同样我们为我们所爱的东西而努力。"（《爱的艺术》）

　　弗洛姆认为，"爱情"作为名词，只是对爱这一活动的一个抽象，它已经脱离了人而独自成为一个实体。如果爱是活动或过程，那么我们就无法拥有它，只能经历它，以它为经验。爱的经验是流动的，它时刻都在变化。并非只要爱过一次就能说爱已成功，因为爱是不断变化的，我们也要像给花浇水一样，需要不断努力更新爱的状态。

　　弗洛姆区分了人的两种不同的生存方式，即"占有"和"存在"（《生存的艺术》）。在本书的前言中，我提到过当年母亲因为脑梗塞失去了意识，长期卧床不起，那时我就想：人落到这般境地时，钱和地位是否就失去意义了呢？

　　弗洛姆对"占有"和"存在"的区分正是解读这个问题的关键。

　　"如果我的身份取决于我所占有的东西，那么当我失去它们的时候，我又成了谁呢？"（《生存的艺术》

　　但是，弗洛姆又说，就"存在"而言，我们无需为可能失去自己的所有物而担心或不安。因为我们的生存方式不是"占有"而是"存在"。

"占有是以量的减少为基础的，但存在越会随着实践而成长。"（《生存的艺术》）

幸福也是"存在"的东西。人们通常所认为的构成幸福的要素（金钱、地位、名誉等）充其量不过是占有物，所以我们可能失去它们，但作为"存在"物的幸福则是永远不会消失的。

为了能够认同自己的价值

到此为止，我们反复地强调的一个观点就是，为了幸福，人必须负起必要的责任，不能逃避问题，必须将自己置身于人际关系中。

话虽如此，当我们被斥责"连这点小事都做不好吗"的时候，大多数人都会对自己的能力产生怀疑。至今仍有很多人相信，这样的斥责能够激励人发奋图强。被斥责的年轻人如果因此对上司怀恨在心，下定决心自己成为上司后绝不会这样对待下属，那倒也不失为一件好事，但反过来说，如果他们认为正是多亏了上司的斥责才令自己的能力得到发展，那么也必然会继承这样的态度。

夸奖的言语似乎比斥责更为理所当然，许多企业都建议身为领导者的人多多夸奖下属，以促进他们成长。囿于篇幅所限，本书不会详细讨论夸奖带来的问题，但有一点很重要：夸奖是有能者对无能者的评价。比如，陪同父母一起去做心理咨询的孩子，当父母在接受咨询时他便乖乖在一旁等候，结束时父母会夸他"真了不起呢"。但同样的场景如果换成陪同丈夫的妻子，丈夫必然不会用这种方式夸奖妻子。如果丈夫真这么夸了妻子，妻子也可能会把这当成一种冒犯。因为被夸奖的人在人际关系的尊卑关系中处于下位。也正因为如此，被夸奖的人反而更容易失去对自我价值的认同感。

有的人从小接受着这样的教育长大，长大后继续接受这样的指导，最终变得无法认同自己的价值，他们认为这就是令自己无法融入人际关系的罪魁祸首。

但是正如我们所反复强调的，人只有在人际关系中才能感受到生活的愉悦和幸福。恋爱关系也不像许多年轻人梦想的那样甜蜜美好。即便有时关系会恶化，我们也应该努力做出改善，只有这样才能迎来幸福的结局。所以，为了幸福我们必须认同自身的价值，不回避人际关系，并且必须融入其中。

并非不想认同自己的价值

觉得自己没有价值的人并非真的不愿认同自身价值。这类人的想法是扭曲的。在实际生活中，如果被人说了类似于"你是个没有价值的人"这样的话，没有人真的会就这样觉得自己毫无价值。其实他们非常希望有人能告诉他们："才没有那回事呢，你是个非常优秀的人。"

他们看待他人的方式也是扭曲的。因为把他人当做敌人，总是唯恐别人加害于自己，所以他们轻易不相信别人，即使别人向他们伸出援手，他们也会断然拒绝。

人不可能独立完成一切。就连在健康的时候都难免遇到困难，更不要说生病的时候、年老体衰的时候了。人总会需要别人的援助。

对于那些需要别人帮助时，却无法开口求援的人来说，应该纠正自己的态度，不能再将他人视为敌人而拒绝出于好心的帮助。虽然自己什么也不做，一味依赖他人的人很令人头疼，但一味拒绝他人帮助的人也同样令人为难。

最理想的状态就是，所有人都尽量独立做好自己能做好的事，而别人向我们求救时我们也能够不吝于给予帮助。如果每个人都能这样想，那么生活一定能变得轻松许多。

不要害怕不讲理的上司

我们无法决定别人对我们的看法。如果希望别人认同我们的价值，就必须做出建设性的努力。丝毫不努力却希望别人能够尊敬自己的人是可笑的。尊敬和爱无法强制。就算命令别人"你必须尊敬我""你必须爱我"，别人也不会照做。

不努力却希望别人尊敬自己、认可自己的价值的人，实际上是在通过贬低他人的价值来充实自己的欲求，并希望借此抬高自己的价值。

　　那些毫无道理地斥责下属的上司就是典型的例子。这一类上司会专门在"次要战场"上，也就是与正经工作无关的事情上找茬责骂下属。这并不是对下属犯错或失败的指责，而是对下属本人的欺侮和压迫。

　　为什么上司会毫无理由地斥责下属呢？这是因为他们其实对自己在工作中的无能心知肚明，为了不让下属看穿自己的心虚，才借由这种方式令下属陷入低落情绪，以此获得优越感。有些勇敢的下属会与上司据理力争，而令这样的下属屈服则能为他们带来更强烈的优越感。

　　借由斥责下属获得的优越感的内里其实是自卑感。真正有能力的上司根本不会需要这样扭曲的优越感，也不会毫无道理地斥责下属。

　　在教育和体育训练中我们也经常见到这样的场面。通常人们都会希望教育者比受教育者更有能力，但实际情况未必是这样的。以体育为例，作为教练的退役运动员和现役的选手相比，当然很难维持同样的实力。但是就算自己已经无法在场上竞技，教练一样可以指导晚辈。更进一步说，不希望自己的学生青出于蓝而胜于蓝的教育者是无能的。如果使用了适当的教育方法，学生必然应当超过老师。

当出现与此相反的情况的时候，或者当下属反复出现失败的时候，对于上司来说，这就会成为他们自卑感的来源，所以比起做出更恰当的指导，他们会选择在与问题重点无关的地方，也就是所谓的"次要战场"上与下属一决高下。这种行为很显然就是职权骚扰。在职场上，我们要特别注意，不要让这样的上司给我们的身心带来压力。

攻击他人的价值

有的人不仅毫无道理地斥责别人，还会攻击他人的价值。有一次，我演讲完后开始答疑，可是在听众提出关于演讲内容的问题前，有个人先站出来说我的声音太小了，听不清我讲了什么。

当然，这是我作为演讲者应该改进的部分。但是，当时说出这句话的人的目的，其实在于首先从与演讲内容无关的角度来攻击我的价值，从而相对地提高自己的价值。在做足这样的准备工作之后，才终于进入提问环节。

于是，又有人问，你既然是心理学者，那你能猜出来我现在在想什么吗？心理学不是读心术，这样的说法不能不说是颇有挑衅意味的。同样，这个问题的目标，在于贬低我的价值，抬高自己的价值。

这些人的贬低他人价值的行为背后，其实掩藏着自卑感。相信自己有价值的人，也能够认同别人的价值。因为他们知道，这样做并不意味着自己就输给了别人，也不意味着自己的价值会因此减少。

欺侮和歧视都是自卑倾向的表现。因为这样的人是想通过欺侮或歧视比自己弱小的人获得优越感。

这种时候，任何能够与之相比较的人都可以成为他们贬低价值的对象。他们想通过贬低任何人，尤其是不认识的人的价值，相对地抬高自己的价值。但人的价值本来就不是可以通过欺侮和歧视他人提高的东西。

只在口头上说"作为人类不能姑息欺侮和歧视"是绝对无法解决问题的。做出欺侮和歧视的行为的人必须自省，怎样才能认识到自己的价值。

而对于刚才那些被不讲理的上司斥责，遭到欺侮和歧视对待的人，我们希望他们能够明白，这种毫无道理的对优越感的追求并不是针对特定个人的，所以没有必要自责和悲观。

不要害怕被人讨厌

为了建立人际关系非常必要的一点就是，我们不能太在意别人对自己的看法。如果一味在意他人对自己的印象和看法，就无法与他人建立起积极的关系。

其实，我们不是因为在意别人的看法而回避人际关系的。恰恰相反，正是为了回避人际关系，我们才会在意别人的看法。但是，正如我们在本书中多次强调的，人只能在人际关系中获得幸福，因此我们渴望能够拥有足以令我们投身人际关系的勇气。

如果一味在意他人对自己的看法，那么我们的行为自由就会受其限制。这样一来，我们就会觉得比起自己想要做什么，被人认可才更重要，最终无法自己决定做什么或不做什么。我们的行为的决定权就这样落到了他人的手中。

比如，和别人一起吃饭的时候，我们就算有特别想吃的东西往往也不会说出来，而是会把决定权交给对方。如果表明自己想吃什么，那么两个人的意见不合，多少会引发摩擦，但只要听从他人的决定，那么就能避免摩擦——尽管这样一来，我们就吃不到自己想吃的东西了。

原本，我们在意别人对自己的看法，当然不是什么样的看法都好，我们想要别人对我们有正面的评价。想给别人留下好印象的人不会说自己想说的话，也不会做自己想做的事。他们无法自己决定行为的准则，也找不到自己人生明确的前进方向。

如果自己不能为自己的人生做出决断，而选择令他人，例如父母满意的人生，那么我们最终就会活在别人的人生中。抛弃自我，活在游离于现实的人生中，这是多么悲惨的境地！

在第 1 章中，我们提出：看似幸福而实际不幸福，这是没有意义的。那些想让自己看上去很幸福的人，其实就是以别人的看法作为幸福的基准。但只要他们有这种想法，那么就无法活出自己的人生。

从他人的评价中获得自由

我们必须不惧怕他人的评价，包括被他人讨厌。我们必须从他人的评价中解放自己，获得自由。谁都不希望自己被别人讨厌，但如果周围有讨厌自己的人，那么我们应该这样想：被他人讨厌，正是自己获得自由的证据，也是我们为了自由生活不得不付出的代价。

他人对我们的评价与我们自身的本质毫无关系。如果很多人对我们的评价都是相同的，我们当然不能完全无视它。但如果只是少数人的评价，那么我们就没有必要让它们左右自己的心情。

他人的评价无法决定我们的本质和价值。所以，我们既不用因为被称为"讨厌的人"而失落，也不用因为被称为"好人"而兴高采烈。因为它们都只不过是某个他人的评价而已，我们的价值当然不是由它们决定的。

如果能明白这一点，那么即使别人不认可我们的价值，我们也能保持平和的心态，不会因为他人的评价时喜时悲。渴望他人认可、得不到认可就会失去自信的人，不是一个独立的人。

话虽如此，在教育和工作上，评价是不可避免的。如果事关学业和工作，那么我们必须为了获得正面的评价而努力。但是这些评价也仅限于学业和工作，而不应针对我们的人格。例如，上司斥责下属的时候，往往不仅针对这一次的失败，还会翻旧账，从而说出"你连这点事也做不好吗"这样的话。这就已经不是单纯关于工作的评价了，而是针对一个人的人格的（多数情况下不恰当的）评价。

作为上司，有时确实需要把下属的失败当做自己的问题，给予不断失败的下属较低的评价。但是，这评价必须只能关乎工作本身。有时，我们无意间说出的话，可能会让对方以为是在针对他们的人格做出评价。我年轻的时候，在大学教了很长一段时间的古希腊语。有一次，我让学生们把一段古希腊语翻译出来，结果没人回答，大家都沉默着。我便问他们原因。学生们说："因为不想在答错问题的时候被认为是无能之辈。"我于是告诉他们，绝不会因为他们答错问题而认为他们是无能的学生，后来他们就不再害怕回答问题了。

接受真实的自己

只做真实的自己是不行的，要"成为"比现在的这个自己更好的自己——在现代教育的影响下，人们普遍接受了这样的观念。正因为有这样的观念，所以一开始我们都特别想变成优秀的人。比如，父母如果期待子女取得好成绩，那些认为自己必须不能让父母失望的孩子就会努力学习。

但并不是所有的孩子都能实现父母的期望。孩子们带着考砸了的试卷回到家里，被父母责骂："这成绩怎么行啊！""给我更用功一点啊！"当然，有的孩子确实会在被责骂之后更加努力学习，但是，也有孩子会自暴自弃地认为自己再也无法取得好成绩，干脆以后就当个坏孩子算了。有的孩子会厌学，或患上神经症，有的孩子则会做出一些惹麻烦的举动，希望借此引起父母的关注。

但其实，我们既没有必要变得特别好，也没有必要变得特别坏。做一个普通人就好了。但这里所说的"普通"，指的并不是"平凡"。

人不需要在与他人的不同中寻找价值，因为我们的价值其实在于作为真实的自己而存在。

印度宗教哲学家克里希那穆提曾说过：

"你们是否记得你们的父母、老师对你们说过：人在一生中必须有所成就，要像你们的叔伯和祖父那样做一个成功的人……但教育的功能，不是让你们从孩提时代就模仿别人，而是帮助你们，令你们无论何时都能做自己。"（《与孩子们的对话》）

与克里希那穆提对孩子们说的话相反，如今社会的育儿和教育宗旨却是把孩子们培养成社会需要的人，要求孩子们向某些成功人士学习，自己同样也"成为"一个成功人士。

在这样的情况下，个性是不受认可的。比如参加求职活动的年轻人，总是穿着款式相同的面试套装，把自己作为"人才"向企业推销。这种时候，千万不能拿出个性。

虽然社会有时要求我们隐藏真实的自己而"成为"别人，但它并不允许我们"成为"任何别人，我们只能以父母、成年人和社会所期待的形式改变自己。所以，那些不相信自己的价值、对自己没有信心的年轻人，如果无法成为和其他人一样的人才，就会越来越不敢出现在众人面前。

所以我们应该接受真实的自己，没有必要回应他人的期待。人只有放弃为了他人而改变，才能真正改变自己。

作为出发点的我

但是，如果对被宠坏的孩子说以上这些话，反而可能令他们误解。

"如果宠溺孩子，使他们成为大人们关注的中心，那么我们可能就是在告诉他们无需努力也能受到重视。"（《自卑与超越》）

也许有人担心的正是这一点，如果告诉孩子们只要做真实的自己就好，他们会不会以为自己可以什么也不做了呢？但我们所说的做真实的自己，指的并不是这个意思，而是不用满足他人的期待。

如果我们周围有那些希望别人能高看自己的人，或者为了引起关注而惹麻烦的人，我们会忍不住想对他们说："不用这样，做自己就好了。"

很多父母在心中都有一个理想的孩子的形象，当他们看待自己的孩子的时候，就是以这个理想的孩子作为评价标准，然后不断地给自己的孩子扣分。如果他们能停止这种做法，接受现实存在的真实的孩子本身，那么无论自己的孩子是什么样的，他们也能够以加分的心态去看待。

而对于孩子们来说，当他们抱着必须满足父母期待的心情，却没有达到父母的期望时，就会像刚才我们讨论过的那样，一开始虽然很想做个好孩子，一旦明白自己做不到，就会摇身一变成为令父母头疼的捣蛋鬼，希望借此获得父母关注。所以父母必须告诉孩子没有必要那样做。

当然，有时也许我们自身确实存在问题，这种情况下维持原状显然是不合理的。但即便如此，我们也只能在此时此刻的、现实的自己的基础上做出改变。

有时建设性的努力也是必要的，但目标的设置要合乎自己当时的能力。如果目标过于远大，那只会让我们从一开始就望而却步。

想做的事、 该做的事、 能做的事

对于人来说，世间诸事可以分为三种："想做的事""该做的事"和"能做的事"。但其中我们真正做到的只有"能做的事"。所以，如果只做自己能做的事，那么我们的生活就很简单了。但是，努力做出一点改变未尝不可。

例如，与疾病抗争的人即便没有奢望彻底痊愈，至少也会希望身体状况比现状能够好一点。所以他们才会下定决心忍受痛苦，甚至冒着生命危险接受手术，然后努力复健。

像这样为了改变现状而努力的行为，是自己为了自己而做出的努力，并不是为了与他人竞争。能做的事、该做的事和想做的事之间的差别就在于自卑感。阿德勒把这个意义上的自卑感，以及为了克服这种自卑感而做出的努力称为"追求优越性"。但这种情况下的自卑感和对优越性的追求都是健康的。

但是，如果这种努力成为了与他人的竞争，那就会变质成为不健康的心态。竞争对手的存在确实能够起到一定的激励作用，但一旦产生了要胜过竞争对手的想法，那么刚才我们所说的自卑感和追求优越性的行为就不能被称为是健康的了。竞争是损害我们精神健康的最大因素。即便像入学考试这样同时有许多人参与的竞争，基本上也是考生个人的问题，能不能考上目标学校仅仅只是结果罢了。因为我们并不是以考上学校这个结果本身为目标而学习的。

不与他人竞争

如果能够做到视他人为伙伴，那么就不会想要与他人竞争了。

群居动物比独居动物更容易生存。阿德勒指出达尔文也注意到了这一点（《儿童教育心理学》）。人类也是一样，如果不互相合作就无法生存下去。刚出生不久的孩子需要父母的保护，相反，等父母年老，他们也需要子女的照顾。

但是，这种需求并不单纯局限于生物性或社会性的层面，而是像我们刚才所探讨的那样，它是我们存在的根据，对于塑造我们的存在来说是必要的。

确实，竞争随处可见，但这并不能说是正常的。阿德勒认为战争是竞争最为激烈的状态。第一次世界大战期间作为军医从戎的阿德勒目睹了人类在战场上的互相残杀。尽管如此，他还是认为竞争和战争都不是人的本性。

竞争是最损耗人的精神和健康的事。阿德勒引用霍布斯的"所有人对所有人的战争"这一说法时曾指出，这个观点不适合被当作普遍性的原则。（《难以教育的孩子们》）

霍布斯认为人有自我保存欲，会一边压迫别人，一边追求自己的权利与幸福。霍布斯把这种情况称作"自然状态"。但是即便与他人竞争，并且在竞争中胜出，只有自己也是无法幸福的。

正如我们在前文中讨论过的，想要令现在的自己变得更加优秀，并为此做出努力，这是一种健康的心态。只要不与他人竞争，在自我进步层面上对于优越性的追求毫无疑问也是健康的。

但是，如果追求优越性这个词让人产生向上爬的印象，那就是有问题的。

阿德勒认为人生是向着目标前进的运动。他在提出"活着就是进化"这一观点时所指的进化并非向上，而是向前的运动。每个人都有自己的出发点和目标，每个人都在朝着自己的目标前进，有的人快一些，有的人慢一些。这其中不存在孰优孰劣。就像与疾病斗争的人，为了比现在哪怕好一点点而努力复健的时候，所做的一切都是与他人无关的，不是为了与他人竞争从而使自己高出一等。

无论这是怎样的一条道路，即便我们偶尔会停下脚步，或者倒退，但只要基本上还是保持着前进的姿态，那么快一点慢一点都不是问题。每个人的生活方式都是独特的，谁也没有必要模仿别人的生活方式。既然如此，我们就没有必要"成为"除了自己以外的别人，也可以满足于我就"是"我的事实了。

不完美的勇气

阿德勒使用了"不完美的勇气"这个说法。这里的"不完美"指的并不是人格上的欠缺，而是我们在开始接触新事物时所需要知识和技能上的"不完美"。

对于那些从一开始就认定自己不行而不愿意做出任何挑战的人来说，可能永远也想不到，这种不完美在某种程度上其实能够帮助我们近乎完美地达成目标。

话虽如此，当我们开始做一件从来没有做过的事情的时候，做得不好也是在所难免的。但是有时候我们却无法接受这个事实。特别是上了年纪以后，想要挑战新事物时尤其会感到困难。长期从事一项工作的人，可能认为自己在某个领域十分优秀，但一旦开始着手新的工作，忽然自己就成了什么也不会的新手，所以他们不得不先与这样的状态磨合。但是在这种情况下的"什么也不会"，原本就是无可奈何的。他们也只能从接受这样的自己开始迎接新的挑战。

这种情况不仅局限于学习。能够接受自己的不完美的人，不会比照着理想给自己的价值减分；他们能够以在现实基础上加分的方式看待一切事物。随着年纪越来越大，我们会遇见各种各样力所不能及的事情，但没有必要为此感到难过，原本我们的价值就不是由我们能够做到什么来决定的。

既然如此，那么我们也更加没有必要去和别人竞争了。只要能做到一些小事，哪怕只是记住了一个新的单词，或者身体活动起来比以前稍微轻松了一点，又或者学会了游泳——这些事情都是可喜的，我们的人生也会因此变得丰富多彩。

投身于人际关系的勇气

我们在前文中也引用了阿德勒的这句话：

"只有在相信自己是有价值的时候，我们才能拥有勇气。"

这里所说的勇气有两种含义：

一种是解决课题的勇气。为什么解决课题需要勇气呢？因为解决课题能够令我们获得明确的结果。以工作为例，当我们开始着手某项工作任务时，有时候会担心结果是否如我们所愿。但如果我们因为害怕得到不好的结果而干脆什么也不做的话，那么最后的结果说到底就是我们没有完成工作。所以，不要害怕结果，我们应该积极面对我们的人生课题。

第二种是投身于人际关系的勇气。当我们投身于人际关系中，很可能被讨厌、被憎恨、被背叛。有人认为与其要经历这些，还不如一开始就避开人际关系。但正如我们在前文中探讨过的，生活的喜悦和幸福都只能从人际关系中获得。所以为了幸福，投身于人际关系的勇气是必须的。

而为了能够拥有这样的勇气，我们必须相信自己是有价值的。

把缺点换成优点

我们可以通过两种方法来相信自己的价值。一种就是把自己的缺点换成优点。孩子们都是从父母和周围的大人口中听着自己的缺点长大的。所以很多人在被问到自己的优点是什么时，往往一点也回答不上来。同样，父母可以说出一大堆自家小孩的缺点，但一被问到孩子的优点，他们立刻就词穷了。

被人指出缺点当然不是一件愉快的事。但先前我们还讨论了另一种情况，那就是有的人会反过来利用这一点，把自己没有优点只有缺点当做理由，从而避开人际关系。

155

在心理咨询中，我们提供的就是使人能够投身于人际关系并且认可自身价值的援助。从性质上来看，这种援助其实就是把缺点换成优点。对于会向咨询师倾诉自己症状的人来说，那些症状恰恰是必要的，因为它们是他们说服自己避开人际关系的理由。比如，希望治好"脸红症"的人虽然会说自己是因为有脸红症才无法融入人际关系，但实际上，他们知道自己只要置身人际关系之外，就不用经受被无视或被讨厌的糟糕经验，所以脸红症对这类人来说就成了必需的症状。

在这种情况下，虽然心理咨询的目标是消除这些症状，但如果来访者本人不愿意放弃它们，那就永远也治不好这些症状。咨询过程也就遭遇到了瓶颈。因此，心理咨询不会以消除症状为目标，而是要劝服人们相信自己是有价值的，令他们获得进入人际关系的勇气，如此一来，他们那些用于回避人际关系的症状也就没有用武之地了。

这一类人常常不认为自己有优点。例如，有人认为自己没有集中力。但是如果咨询师提醒他转变看法，告诉他其实不是没有集中力，而是很有"散漫力"，则能够令他更好地接受自己，虽然他可能不理解咨询师为什么要建议他把缺点换成优点。对于容易厌倦的人也是一样，用

"很有决断力"来代替"容易厌倦"也可以起到同样的作用。

很多人寻求心理咨询的帮助是为了能够改变"阴暗"的自己。没有人愿意被别人说自己是个阴暗的人。如果相信了别人的话，自己也认为自己确实是阴暗的，那么他们就不会积极地与别人建立关系了。对于这样的人，我会告诉他们："你总是很在意别人会怎么看待你的言行举止吧，所以你一定从来没有故意伤害过别人。"之所以必须加上"故意"这个词，是因为有时候我们的无心之举也会令他人受到伤害。

如果他们接受了我的这个评价，我会继续告诉他们：

"别人说你是个阴暗的人，但你也不因此而反击他们，伤害他们。这说明你并不阴暗，你是个'善良'的人。"

只要发现自己是善良的，他们就能接受这个善良的自己。我们当然不可能完全不在意别人如何看待我们的一言一行，但是也要适可而止。过分的在意，可能导致我们无法说自己想说的话，做自己想做的事。要记住，万事的出发点应该是接受自我。

贡献感

除此之外，还可以通过另一种方法使我们相信自己是有价值的。阿德勒在上文我们引用的那句话之后，还说了一句话。

"只有当我的行动对共同体有益的时候，我才会相信自己是有价值的。"

我们会用"谢谢""帮了我大忙"这样的语言来告诉别人他们的行为是有益的。如果别人也这样对我们说，我们就会感到自己做出了贡献，并且因此能够相信自己是有价值的。于是，对自我价值的认知会带给我们走入人际关系的勇气，并赋予我们从中感知幸福的能力。所以，"只能从人际关系中感受幸福"这句话的本意，其实就是说我们所需要的贡献感也存在于人际关系中。

有人认为"谢谢"和"帮了我大忙"这类话是能够指引孩子们做出正确举动的赞赏。但这种观念犯了决定性的错误。道谢是为了让孩子们正视自己的价值，但事实上我们不可能每一次都能得到别人的感谢。所以，最终我们应该做到，即便没有人感谢，自己也能拥有贡献感。

问题是，如果只有在做出了对共同体有益的"行为"时我们才能实现自我价值的话，那么那些力有不逮的人该怎么办呢？

如果只有实际行为才可以称得上贡献，那么就会有太多人都无法做出贡献了。所以那些用成就衡量自己价值的人，一旦因为生病等原因无法工作，就会感觉自己失去了价值。疾病以外的情况也是一样的。我在照顾父亲的时候，他经常除了吃饭就是在睡觉，我于是对他说："反正你也总是在睡觉，我不来也没关系吧。"父亲却说："不是的，是因为你来了，我才能安心睡觉啊。"这一句话，令我感叹不已。

我也是个有用的人

我病倒的时候是这样拜托医生的："不管今后我的身体状况有多差，就算只能待在家里一步也不能出门，至少请让我恢复到能写书的水平。"

看到我在病床上校对书稿，医生也没有责怪我，反而笑着说："别太拼哦。"其实那时候我的身体还很虚弱，但是我很感激那位医生在把我当做病人之前，先把我当做一个人来对待。

医生对我说：

"写书吧，书能留下来。"

言下之意是，我是"留不下来"的。但正是这句话，让我找到了自己出院以后的人生目标。我已经不再是那个在病床上动弹不得，哀叹自己是否毫无价值的我了。

那段住院的日子里，护士们会在下班后或者不上班的日子来病房找我谈心；我也给当时供职的大学打过电话，学校的意思是无论如何也希望我能够回归工作——这一切都令我高兴。当时我有预感，即使我的病不能完全治愈，但总会比目前的状况好，哪怕只好那么一点点。那一刻的我，是幸福的。

回到现实

　　柏拉图在《理想国》中写道，窥见了自由的真实存在、领悟了最高理念的哲学家不可以留在那理想世界，而必须回到原来的洞穴里，也就是现实世界。

　　法国哲学家西蒙娜·薇依则认为哲学家要重塑肉身，其实这是对柏拉图观点的一种改述。柏拉图没有使用"肉身"或"圣人"一类的词语，薇依则说：

　　"也就是说，圣人在灵魂脱离身体之后，经过通向神所在之处的死之旅途，为了与这世界及芸芸众生分享超自然的光辉，便以某种形式重塑肉体而生。"（《古希腊之泉》）

　　人在生病时，如果经由这个过程而学到人生道理，那么生病这种经历本身也能使人的处境从黑暗转变为光明。因为即便无法痊愈，但只要有所好转，他们就不会容忍自己留在医院里，而一定要回到现实世界。每个人都有不同的做法。有的人会把自己病中的体会告诉同样生病的人。

因为有些事只有生过病的人才明白。而有的病人虽然知道病名，但并不知道得了这种病之后等待着自己的到底会是怎样的情况。这时候他们就会作为与病魔斗争之路上的前辈，把自己的经验分享给别人。

有的人也许什么也没有做，就这样回到了原来的生活中。但他们经历了病痛后也同样学到了生命的意义和幸福，他们的人生也与从前截然不同了。疾病的康复，指的并非重获健康。甚至他们有可能再也不像从前那样健康了。但即便如此，只要他们以新的生活方式开始新的人生，那么这样的生活态度也一定能给他人带去积极的影响。

不以生产率衡量人的价值

自心肌梗塞幸存以来，我比住院前写了更多书。刚住院的时候，我根本没想到自己能恢复到这个程度。但即使没有恢复到现在的状态，我的价值也不会有差别。

很多人都认为用生产率来衡量人的价值是理所当然的。他们认为只有达到了一定成就的人才有价值。

认为经济上的优势才称得上价值的人也是一样的。小时候父母会对我们说："想干什么都行，不过得等到你自己挣钱以后。"当年听了这句话觉得不甘心的孩子，长大成人后似乎已经忘了那时的心情。

如果一个人渴望用成就和收入体现自己的价值，那么他就只会在自己拥有一定生产能力的时候才会认可自己作为人类的优势。

这类人认为，那些因为疾病、年老或残疾不能工作的人对社会没有贡献，给国家拖了后腿。他们躲在安全范围内，说着这些笃定的话，却不想想，自己也有可能因为某些原因失去工作的能力。

我们当然不可以用在社会生产领域没有贡献这样的理由来将别人排除在价值判断以外。但我想，现在之所以会有像弱者被杀害这样的事情发生，除了因为犯罪者本身异常的心理和行为，更是因为事实上，在这个以生产率衡量人的价值的世界上还存在着弱者就应该被排除的可怕观念。

人无论是否具备生产能力，只要活着就是在为他人做出贡献。比如，对于父母来说，孩子的"贡献"就是做他们自己。无论是否健康，是否符合父母的理想，自己的孩子终究是自己的孩子。

父母会把自己的理想强加给孩子。如果父母只用理想的标准去看待自己的孩子，那么不管孩子做什么，他们都只会用批判的态度对待。我希望做父母的能时常记得，孩子存在于世上，这件事本身就值得我们深深感恩。

当然正如我们刚才所说，相信自己的存在就是贡献，这需要勇气。但只要我们能感受到别人的存在所带来的喜悦，那么同样的我们的存在也能以它原本的样子给他人带去喜悦和贡献。

人不是物体

把生产率等同于价值，其实就是把人等同于物。

所谓"把人等同于物"的观念，其一就是把人当做生产机器。机器本就是物体，最终都会发生故障，无法运转。这种观点就是把机器的这种特性强加于人。比如轻视不能生孩子的女性，甚至还有很多思想陈旧的人认为女性必须结婚。

其二就是我们在第 3 章中讨论过的，不承认人有自由意志的观念。在这种观念中，人也与物无异。

我接受冠状动脉搭桥手术时，全身麻醉，心跳停止，依靠人工心肺机维持生命。被注射肌肉松弛剂后，我仿佛进入了无尽的"假死"状态，可以说，当时的我已经与一个物体没什么两样了。

但医生却不是对我的肉体（物体），而是对"我"动刀。后来我听说这位医生曾为他自己的父亲动过手术。他说还是给自己的父亲动手术轻松。因为那时只要考虑自己的父亲就够了，而给我动手术时，除了我之外，他还要考虑我的家人，这一点才是最有压力的。

我不是物，而是人，而且是有家人，并与家人之间充满羁绊的"人类"。医生考虑到了这一点，所以才不是单纯地在为我的"身体"动手术。

在冠状动脉搭桥手术中，根据病例不同会选取不同血管来做搭桥的材料。我当时用的是胸廓内动脉，但最开始医生也提议可以使用胃网膜动脉。

当年我接受这个手术的时候，它还属于危险性比较大的手术类型。我从电视节目中得知，原来当时也有医生反对手术。节目中某位医生说了这样一句话。

"不冒这么大的风险，还能再活三个月，难道还不够吗？"

"够不够"怎么是由医生来决定的呢？说着这话的那位医生恐怕没有像我的主治医生那样把病人当做人，而是当做物来看待，所以才会用"够不够"这样的表达方式吧。

作为家人，当然无论如何都希望医生能够挽救病人的生命。如果是深知这一点的医生，即使他们知道手术成功后病人也有可能仅仅只是维持生命而已，也是会建议病人做手术的。

位格理论

刚才说到我的医生在给我做手术的时候，是将我看成人格意义上的人，而不是物。那么，人与物相区别的基准是什么呢？

生命伦理学中有探讨位格的理论。我们思考这样一个问题：除了必须是生物学意义上的人类之外，还需要哪些条件才能构成"人格"？

有一种观点认为，人格必须包含欲求意识和作为其主体的自我意识。但根据这种观点，没有自我意识的胎儿就不能被称为拥有人格。另外，重度精神病患者、重度老年痴呆症患者也不能被视为拥有人格。

因此这种观点认为，严格来说，只有拥有自我意识的、理性的行为主体才能被称为拥有人格。但另一部分研究者则持不同意见，他们认可的是社会性意义上的人格（恩格尔哈特等，《医学上的人格概念》——收录于《生命伦理学基础》）。

社会性意义上的人格的成立需要行为者参与最小限度的相互作用。按照这个基准，那么幼儿、重度精神发育障碍者和重度老年痴呆症患者也能被称为拥有人格。但是，脑死亡者在这个意义上就不能被称为拥有人格了。

位格理论经常被用于探讨关于堕胎合法化、放弃治疗、安乐死，以及对脑死亡者放弃抢救等问题。在这里我们想谈一谈位格理论的问题。

我认为，位格理论最大的问题就在于它对人和非人"物"的极为单纯的二分法。如果把自我意识的有无作为区分人与物的基准，那么胎儿和处于脑死亡状态的人都只能被当成"物"了吧。但是，对于能够感觉到胎动的母亲来说，胎儿绝不是物。从被告知自己怀孕了的那一刻起，即便还不能感到胎动，即便这胎儿还未成为生物学意义上的人，母亲也会觉得自己腹中有一个"人"存在了。

当年我的母亲因为脑梗塞失去了意识。但虽然她已不具备自我意识，但对我来说，也绝不是物。其实，就母亲当时的情况而言，我们甚至不知道她到底有没有意识。医生也说奇怪，因为从脑电波的状态来看，她不应该还没有恢复意识。

但是，假设母亲已经脑死亡，无论医学上的判断如何，都不会改变母亲和我的关系。一般来说，即使一个人被判定为脑死亡，他的家人也仍然会将他视为拥有人格的吧。

在位格理论中，是人还是物，是由人的状态所决定的。当时，正如前文中我写到的，我的主治医生在手术时把我当做一个人而非一个物体，他在当时考虑到了我的家人，这是因为他把我放在人际关系中看待。如果把人从人际关系中割裂，仅凭自我意识的有无来判断人是否为人，那么就是没有意义的。人格体现于"最低限度的相互作用"这一观点也涉及人与人的关系，但如果以此为基准，那么脑死亡者就不能被称为拥有人格。

然而，其实我们也能与脑死亡者取得交流。纪实文学作家柳田邦男就说过，他曾与处于脑死亡状态的儿子说话。以前，柳田邦男认为脑死亡即等于人的死亡，直到自己的儿子在持续了十一天的脑死亡状态后离世，他才转变了想法。

"在这十一天里，儿子的脑死亡状态和我所想的完全不同，我对他说话，他也会以某种形式对我说话。我从儿子身上感受到强烈的、压倒性的存在感。这时我才确信，生与死具有独特的、令人颤栗的'人称性'，它更重视濒死者本人及其家人的'心'，是为'第 2.5 人称的视角'。"（《朝日新闻》，2008 年 12 月 1 日朝刊）

"儿子也会以某种形式对我说话"——可见一个人即便已经脑死亡，在他的家人眼中也仍然是一个活着的人。甚至，人与死者也能够进行交流，这一部分与死亡相关的内容，我们将在后文中进行探讨。

信赖别人

在前文中我们反复强调，人必然活在与他人的关系中。有的人将他人视为敌人，有的人则将他人视为伙伴。

如果把他人视为只要一有机会就会陷害自己的"敌人"，那么我们就绝不会产生为他们做出贡献的想法。只有视他人为伙伴，我们才愿意为他们付出。而有了贡献感，我们才会感受到自己的价值，也因此才能够获得解决问题和融入人际关系的勇气。

视他人为伙伴，并不意味着事实上与他人成为伙伴，而是意味着我们要像信赖伙伴一样信赖他人。在前文中我们也提到过，阿德勒其实是在第一次世界大战最激烈的时候意识到应将他人视为伙伴的，然而实际上他亲眼所见的，是在战斗中互相残杀的士兵。

尽管如此，阿德勒依然将人视为伙伴，这是因为他从根本上就信赖他人。我们在日常生活中也许没有意识到这一点，但是实际上如果不信赖别人，我们连一刻也活不下去。例如，正是因为我们信任司机不会在驾驶时故意犯错导致事故，所以才能安心乘坐电车和出租车。

在日常的人际关系中，即便信赖关系破裂，也不会立刻产生大的影响。比如，即使父母和孩子之间发生争吵，孩子在第二天悄悄离家出走，大多数父母也不至于担心他们真的再也不回家了。

什么是信赖

如果我们对一切都了若指掌，那么也就不需要信赖了。信赖是我们指向他人的积极的信念，信念是我们在面对眼下正发生的，或将要发生的事件时的一种主观意识上的补充。

比如，"今天在下雨"这句话是知识，"（认为，相信）明天会下雨吧"这句话就反映出一种信念。我们不会说"相信今天在下雨"。因为正在下雨是明明白白的事实，所以没有必要"相信"这件事。

又比如，平常不怎么爱学习的孩子，忽然有一天说："今天不学习了，明天开始会好好学习的。"但父母听了他们这样的话，也只会认为"明天也不会学的吧"——

这是父母的信念。

但这种信念没有事实根据。孩子如果平时就好好学习，那么父母听了那样的话只会觉得今天不学习也没关系，偶尔也要休息一下；而不会认为孩子明天也不会学习。

如果这样做，那么大人们就不是在根据事实看待孩子们，而是主观地为孩子们的行为赋予意义，并以此做出判断。只要他们笃定孩子不会学习，那么无论孩子说什么或做什么，他们都不会相信。这时任何言行都只会增加大人对孩子的不信任。

但如果是想与孩子建立更好关系的父母，在这种情况下，他们会更愿意相信孩子。而对于孩子们来说，如果知道这世界上存在着完全信任自己的人，那么他们一定会对世界和成年人有所改观。当然，当孩子们面对信赖自己的大人时，他们也许不会立即回报以同样的信任。有时候这一点会令我们动摇。但即便内心有所动摇，我们也不能表现出来。毕竟，孩子们是不愿意辜负信赖他们的人的。

如果孩子们能够回应大人的信赖，那么他们也会渐渐变得愿意像对待伙伴一样，信赖包括这些大人在内的其他人。而如果他们能把他人视为伙伴，那么就会愿意为他人做出贡献了。

以上的情况当然也适用于成年人。在职场关系中也许无法做到无条件地信赖他人，但在朋友关系中，以及更亲近的爱人的关系中，如果我们乐于建立良好的关系，那么在没有根据的时候，我们更应该相信对方。

发现好的意图

信赖包括两方面。其一是要相信他人的言行出自好的意图。

像信赖自己的伙伴一样信赖别人，这是不容易做到的。每个人都曾被别人的言行伤害过。但是，别人的言行有时候乍一看是会伤害到我们的，其实背后也存在着好的意图，如果能相信这一点，那么我们与他人的关系的存在方式也会发生变化。

当然，前提是我们有改善与他人关系的打算。即便对象不是那么亲近的人，如果我们也能相信对方充满善意，那么就能减轻人际关系带给我们的压力。

我常有机会演讲，有时也会遭到反驳。实话说，对于那些出乎意料的、针对我个人的攻击性发言，我也会心情动摇；但比起被别人在我不知道的情况下妄下定论，我更感谢他们正面向我提出异议，这样至少我还可以反驳。

母亲去世后，我与父亲两个人生活。有一天，我做了小麦粉咖喱炒饭。父亲吃了一口就说："以后别做这个了。"很久以来我一直以为他的意思是"太难吃了，所以别做了"，后来我才领悟，父亲其实想对当时还是学生的我说："既然是学生就好好学习吧，不要为了我特地做这么复杂的菜。"

当我决心不与父亲交好的时候，父亲的所有言行对我来说都是证明我和父亲关系不佳的根据。但是，后来当我想要改善我们之间的关系，并且我们的关系事实上也确实有所改善的时候，我才发现，其实父亲同样的话语中也存在着良好的意图。

信赖别人能够解决他们自己的课题

信赖的第二个方面，是我们要信赖别人能够靠他们自己的力量解决他们自己的课题。否则，我们就会干涉别人的课题。

母亲因为脑梗塞病倒的时候，因为病情一直不见好转，我和父亲在考虑是不是应该转院。当时我们没有与母亲商量。虽然生病的人是母亲，我们却没有让她亲自参与决定，因为我们担心如果她知道自己病情严重，可能会承受不住打击。

于是我把母亲留在房间里，与父亲商量。回到房间里时，母亲的脸色不好。她知道我和父亲背着她商量了，明明是她自己的病，却不过问她的意见。

有的人如果被告知了自己的真实病情，是会心神不定的。但是，即便如此，如果只有家人知道病人的病情，而病人本人却不知道，这也是不应该的。我和父亲不相信母亲能够接受真相，解决这个属于她自己的问题。

家人需要勇气才能告诉病人：你的病也许治不好了。因为如果病人无法承受自己已经病入膏肓的事实，那么告诉他们也许反而会使死亡提早降临。

但是，也有人接受了发生在自己身上的事，并克服了最初的惊讶、动摇和不安。作为家人，必须要信赖病人，相信他们能够自己承担如何背负着疾病活下去这个课题。

我的母亲与病魔斗争了三个月后去世了。父亲和妹妹问我母亲最后的模样，我告诉他们，母亲没有痛苦地安然离世了。但其实，虽然我每天有十八个小时都是在母亲的病床前度过的，偏偏她临终的时候，我却不在她身旁。

当时的我因为每天长时间的看护而心力憔悴，我甚至觉得如果这样的生活再持续一周，自己可能就要垮了。有一天母亲的朋友来了，说可以替我一会儿。我便接受了那位朋友的好意，去医院的家属休息室睡下了。就在这期间，母亲的病情突然恶化，我接到通知，让我立刻赶回病房。然而，等我慌慌张张地赶回去，母亲已经走了。

我为什么无法说出事实真相呢？一是因为我认为父亲无法接受母亲在身边没有家人看顾的情况下去世这个事实，二是因为我害怕父亲责骂："你当时到底在干什么！"就这一点而言，我没能做到信赖父亲。站在父亲的立场上，我应该不会责骂我自己。我整整三个月没有去学校，一直照看着母亲，就算她临终的时候我没有守在她身边，但这长期以来的辛苦应该受到宽慰，而不是斥责。

不以生产能力判断自己的价值，正视自己的存在，相信以自己真实的样子就能为他人做出贡献，我们需要勇气来做到以上这几点。但是，也只有能这样看待自己的人，才能同样不以生产能力评价他人。而在这样的人们所组成的共同体中，人才不会与别人竞争，因为他们相信自己是有价值的，所以即便年华老去，不再像年轻时那样无所不能，他们也能悠然度过自己的余生。

最后，关于本章的内容，我们权且总结如下：如果我们能够将他人视为愿意全盘接受我们真实自我的伙伴，并且相信这样的伙伴一定于我们有益，那么我们就会产生贡献感。贡献感使我们认可自身的价值，从而有勇气融入人际关系。而如果我们能够融入人际关系，那么也就能够感到幸福了。

第6章　如何活出幸福人生

　　放手过去和未来，活在"当下"。只要能以这样的态度生活下去，那么我们就能在不经意间感受幸福，并能从对死亡的恐惧中将自己解放出来。

本章我们将继续第 5 章的内容，探讨什么样的生活方式才是幸福的。如果把结论放到开头来说，那就是放手过去和未来，活在"当下"。只要能以这样的态度生活下去，那么我们就能在不经意间感受幸福，并能从对死亡的恐惧中将自己解放出来。

不要活在可能性中

　　有人认为，只有当实现了什么的时候，真正的人生才会开始。只要抱有这种想法，那么他们现在正在经历的人生就是临时的，充其量不过是准备阶段。但是人生哪来的准备阶段？此刻它就在正式进行中，根本没有时间供我们演习。

本来，人就不是为了一定要实现什么才活在这世上的。比如一群小学生正准备参加小升初的考试。他们拼命学习，成绩也很优秀，但这也不能保证他们一定能考上初中。那么，如果落榜，是否这为了考试而拼命学习的事实，或者说他们经历的那段时光就毫无意义了呢？当然不是的。即便最后考试没有通过，但当时学到的知识在以后一定会有用，绝对不会被浪费。

除了把现在这个时期当作未来的准备阶段之外，为了一个目标而牺牲其他一切的态度也是很有问题的。当然在人生的某个阶段，我们可能都会碰到需要废寝忘食投入学习的时期，但是如果除了学习其他什么也不干，那样的人生就是相当不自然的。

如果父母对自己的孩子说"你其实是个非常聪明的孩子，只要稍微努力一点就一定能取得好成绩"，那么孩子就会有学习的干劲了吗？倒不如说他们会更不想学习吧。因为父母说的这句话实际上令孩子处在了一个"如果学习我就能获得好成绩"的可能性之中，反而令他们无法接受自己好好学习了却仍然没有取得好成绩的现实。

那些觉得自己在职场上得不到晋升是因为和上司关系不好、得不到上司认可的人也是一样的。他们认为，总有一天自己会动真格，只要自己动了真格就一定能出人头地，到时候就能在其他人面前扬眉吐气。他们寄望于"总有一天"，殊不知现在才是最应该"动真格"的时候。其实说到底，他们也是不愿意承认自己即使动了真格也无法获得晋升的现实罢了。

任何人都能有任何成就

有时候，我们做某件事，即便实际上并没有遭受什么挫折，也会发现它比自己最初设想的要困难得多。阿德勒是这样描述困难的：

"困难并非无法克服的障碍，它是我们勇敢面对和征服的任务。"（《阿德勒心理学讲义》）

如果最初就认定困难是无法克服的障碍，我们可能会连试都不打算试一下。但如果最初就把困难看成是我们要面对和征服的任务，那么至少就不会一开始就直接放弃。即便最后没能克服困难，没能达到目标，但为此付出的努力却是有意义的。

阿德勒说："任何人都能有任何成就。"（《阿德勒心理学讲义》）但是如果考虑到遗传等因素，这个观点是不可能成立的，所以它备受争议。

但是，阿德勒却警告人们，不能把才能和遗传等因素当作自己无法成功的理由，使它成为自己背负一生的固定观念。因为一旦有了这种想法，那么任何事物就都可以成为人们逃避解决问题的理由了。

阿德勒引用过古罗马诗人维吉尔的话："他们之所以能够做到，就因为他们认为他们能够做到。"（《儿童教育心理学》）阿德勒引用这句话并不是为了说明人类能力的无限大，而是强调过低的自我评价是有危险的。自我评价过低会导致人相信自己已经"无能为力"了。实际上，自我评价过低的根本目的，就是将这个"无能为力"的状态合理化。

法国作家安东尼·德·圣-埃克苏佩里说过："要对自己说：'既然其他人都撑过来了，那我也一定可以。'"（《人类的大地》）多年来我一直给护理专业的学生讲课，其中常有人犹豫是否应该参加国家级的资格考试，当他们向我倾诉这一烦恼的时候，我就会告诉他们安东尼·德·圣-埃克苏佩里的这句话。这考试确实很难，需要拼命努力学习才能通过。但既然到目前为止已经有那么多人都通过了这个考试，那么没道理只有你一个人过不了。

在我照顾生病的母亲时，一直支撑着我的是《圣经》中的这一句："你们所遇见的试探，无非是人所能受的。神是信实的。必不叫你们受试探过于所能受的。在受试探的时候，总要给你们开一条出路，叫你们能忍受得住。"（《哥林多前书》）

没有目的地的人生

一般来说，我们可以把人的一生看成是从出生开始直到死亡的一条直线。如果问一问年轻人现在人生已经进行到哪里了，他们都会回答距离中点还早得很呢。但是，这样的答案是以活到八十岁为前提的。实际上谁也不知道自己的寿命究竟有多长，年轻人也有可能其实早已跑过了人生的中点。

其实，把人生看成从起点到终点的直线，只是看待人生的一种方法，但不是唯一的一种。

事物的运动有两种。一种是从起点到终点的运动，这种运动追求的是效率，如果因为某事而使这运动中断，那么从没有达到目的这一点上来说，它就是不完整的。亚里士多德把这种运动称为机械式的运动（Kinesis）。

另一种被称为现实的运动（Energeia）。例如，有两个人在跳舞，一起跳舞这件事本身就令他们感到开心，他们并不是为了要去到哪里才跳舞的。音乐终止时舞蹈也就结束了，但是在他们跳舞的那段时间内，这个动作本身却是完整的。在这个例子中，我们无需考虑动作结束时是否达到了某个目的。

人生是现实的运动。追求效率的生活是没有意义的。有时我们会绕远路，有时也会中途停下。如果说人生的目的地就是死亡，那么追求效率的生活只会导致我们更早地离开这个世界。人生不是机械式的运动，如果把它看作一场舞蹈，无论什么时候迎来终结，作为现实的运动它都是完整的。

我们常把人生比作旅行。这段旅行在我们离家的瞬间就开始了。自那一刻起，时间似乎就开始以不同的方式流动，而其中的每时每刻都是旅程的组成部分。在旅途中，我们没有必要像在上班路上那样急急忙忙。我们甚至不一定有必须要到达的目的地。

其实，即便是每天去上班的这个行为，我们也并非必须把它当作高效率的机械运动，其实也可以把它看成是现实的运动。如果没有时间外出旅行，那么在上班路上的车流中，看一看窗外的景色，醉心于四季不同的美丽，有时候甚至下车绕一点远路也未尝不可。

人生也是一样，如果我们只考虑它的终点，那么生活就失去了意义。

人生的终点就是死亡。没有人不会迎来死亡，既然如此，也就没有必要活得那么着急，没有必要一味考虑死亡了。如果人生是机械式的运动，那么我们就应该选择最高效的活法，也就是说，我们在生下来后马上就应该死亡——但这样的人生毫无意义。

放手过去

在我小时候，父亲打过我。我至今想不起来平时非常温厚的父亲为什么会发那么大的火。有时候我甚至觉得这可能是我的幻觉，也许父亲根本没有打过我。

然而长年以来，我却一直保留着这个记忆，这是因为它对于证明我与父亲之间糟糕的关系是很有必要的。因为实际上，不管过去到底发生了什么，后来我们见面聊天的时候，关系似乎也没有那么糟糕。

但是，有时候父亲和我还是会一言不合就吵起来。吵架的时候我就会忍不住想，我和他真是合不来。一旦这样想，能够证明我们确实合不来的记忆就会苏醒。

对于我来说，那就是我被父亲揍的记忆。但因为事情发生时只有我们两个人在场，没有第三个人作为见证，所以到了今天，其实我还是不能肯定父亲当时到底有没有动手打我。

我之所以和父亲关系不好，是因为在我们之间起缓冲作用的母亲很早就去世了。自那以后，我和父亲一旦起了冲突就只能直接对峙。后来我结婚了，一开始我们和父亲一起住了一段时间。父亲退休后搬去了横滨。那之后我们的关系还是不太好，但也没有更加恶化，因为一年他也回来不了几趟，每次只要互相忍耐一下就不会吵起来了。

如果原本就是十分亲近的两个人，那么无论过去发生

187

了什么，只要双方或其中一方有心改变关系，就一定能够成功。在我和父亲之间，是父亲先退让了。有一天他忽然对我说："你在做的那个什么咨询，我也想试试。"于是我们约好一个月见一次面，现在已经可以正常谈话了，我们的关系在慢慢好转。

关系变好之后，就不会再想起那些印证关系不好的记忆了，至少不会像以前那样那么频繁地想起。我已经不需要它们来提醒自己这段关系有多糟糕了，因为当事人想要改善关系，或者他们的关系已经得到了改善。

"忘了就没办法了"

父亲晚年得了老年痴呆症。这种病总是时好时坏，平时笼罩着父亲意识的迷雾偶尔也会散去。被封锁在"迷雾"中的人，从某种意义上来说也许是幸福的。因为他们能够以一种对现实无知的状态活下去。人终有一死。但如果像这样被封锁在心灵的迷雾之中，意识不到自己的处境，也许就不会害怕死亡了。

那么就这样一直病着也是一件好事吗？当然不是了。

生病的父母甚至会忘记自己是谁，作为家人却不得不时常目睹这令人难过的现实，所以即使父母只有片刻清醒，家人们也是高兴的。而患者本人却不得不在那片刻的清醒状态下面对现实，对他们来说恐怕这才是痛苦的。

父亲忘了我那早早故去的母亲。我很惊讶，不知道对于晚年的父亲来说，忘记妻子这件事算不算得上幸福。因为我发现年老的父母可能并不是毫无原则地遗忘过去，他们只是选择性地遗忘自己不想记得的东西。是的，看着父亲的样子，我产生了这样的想法。所以我没有试图用相册之类的东西来唤起父亲的记忆。我想，如果父亲觉得有必要，他会自己想起来的。

有一天，父亲忽然喃喃自语：

"忘了就没办法了。"

平常他甚至连刚刚发生的事情都会忘记，也无法理解忘却这件事本身。所以当我听到他的这句话时，马上就知道，那个我从小熟悉的父亲回来了。

父亲从横滨回来后一直独居。他经常打来电话，说的都是关于生病的事，比如身体不舒服了，去医院检查了，等等。

除了身体不适以外，他也经常说自己忘性越来越大。

"如果不知道自己忘了，那才可怕。"

说这句话的时候，父亲的意思是他的健忘还没有到那么严重的地步。然而最后他还是得了老年痴呆症，连刚刚发生的事也记不住，当然，他也不知道自己已经忘了。

"忘了就没办法了。"在这句话之后，父亲接着说：

"要是可以，真想从头再来。"

但听到这句话时，我早已明白，拘泥于过去是没有意义的。

与过去无关的决断

我以前教过一个从小一直练钢琴的高中生。他说自己从来没有想过放弃钢琴，我听了很惊讶，问他是否觉得练习钢琴很辛苦，他同样很干脆地回答："一次也没有。"

而我的一位朋友则在考上音乐学校之后决心放弃钢

琴。那个人也弹了很久，所以周围的人都觉得很可惜，试图反对他的决定。但其实，他是否继续弹钢琴，这是现在这一刻的决定，难道因为过去一直弹钢琴以后就必须继续弹下去吗？这样的理由也太可笑了。

决定放弃钢琴的人，今后也有可能又想弹钢琴。这时候有的人会因为太久不弹而犹豫要不要重新开始，但这理由也是不成立的。

除了弹钢琴之外，其他事情也是一样的。很多人都会觉得如果放弃一件努力至今的事情，那么过去在这件事上耗费的时间、精力和金钱就都浪费了。但是，我们也不应该为了不浪费这些东西就使自己在今后的人生中过得不如意。

学者们穷尽一生致力于之的学问，通常都和他们学生时代的专业有关。但是改变专业当然也是可以的。因为人的兴趣和关注点都会发生变化，这是很自然的。

工作也是一样，如果觉得正在做的工作不适合自己，就算已经干了很多年，现在放弃也未尝不可。如果遇到了滥用职权压迫下属的上司，那么在自己的身心受到摧残之前逃离也不失为上策。

结局无法赋予人生意义

我们在看待某个人的一生时，不能只把关注点放在他的结局上，也就是他是如何死去的。这一点很重要。我曾为自杀者的家属做过咨询。自杀这种人生的终结方式对于家人来说是痛苦的。

他们无法停止自责：为什么没有早点发现征兆，为什么没能阻止。即使自杀的原因在于死者自己的烦恼，与家人无关。

但是，自杀也是死者的自由选择，我们不能因为自杀这种为人生画上休止符的方式不太平常，就仅以这结局评价自杀者的整个人生。仅仅这么一件事是无法为整个人生赋予意义的。

有人问我是否可以把他们的父母死于自杀的事告诉他们的孩子（他们父母的孙辈）。我的回答是这样的：只要你本身不会消极看待父母这样的死亡方式就可以。

除了自杀以外，人们还会以其他特别事件来评价人的一生。我的母亲在还年轻的时候就因为脑梗塞去世了。其

实在她生病前已经出现了明显的症候，但我们却没有做出
适当的应对，为此我一直觉得十分后悔。

母亲去世时的年龄也令我耿耿于怀，她当时只有 49
岁。实在是太年轻了。但我们也不能因此就认为早逝的母
亲是不幸的。母亲有很多照片，其中有结婚前和我父亲二
人一起举着火盆的照片，还有她与自己十分怀念的女校时
期友人的合影，看着这些照片，我知道在我出生以前母亲
的人生是十分幸福的，当然那个时候她对等待着自己的命
运一无所知。即便如此，对那时的母亲来说，这未知的未
来也没有给当时的幸福带来阴影。

过去是会改变的

对于已经发生的事情，后来我们重新审视整个经过
时，会发现很多事发当时我们没有留意到的东西。这就像
重读小说的过程中我们会发现很多第一次阅读时遗漏的
内容。

比如索福克勒斯的《俄狄浦斯王》。当然有人在读这
本书之前对俄狄浦斯这个人物一无所知。但如果是事先读

过一遍的读者，再读的时候就已经知道了俄狄浦斯的命运，甚至知道俄狄浦斯所不知道的事情，这样他们就会在看待俄狄浦斯的一生时，带上一种神的视角。

人所经历的并不是客观的过去。在我们经历那一刻的时候，就已经置身于被赋予主观意义的世界中了。并且当我们在以后想起过去的时候，会意识到过去并不是静止的。令我们想起过去的"现在"必定会以某种方式赋予过去意义。

我们能够改变过去的意义，甚至我们可以说过去已经不存在了。

那些现在觉得生活不幸的人会从过去的经验中寻找原因，然后随便给它们安上心理创伤的名头。比如失恋的人就常以这样的理由惧怕恋爱。

但是，其实心理创伤与像失恋这样的日常经验毫无关系。心理创伤是一个只能在关乎生死的，被强迫着违反自身意志的情况下使用的术语。我们在第3章中提到过，阿德勒本人虽然在战场上亲眼目睹了悲惨的现实，他却否定心理创伤。这是有理由的。

因为即便经历了某件事，也未必所有人都会产生相同的反应。经验必然造成影响，但在很大程度上，我们能够自己控制从当时所受的打击中振作起来的速度。

心理创伤也是一样的。即便经历了某个可能导致创伤的事件，也未必每个人都会患上所谓的心理疾病。但如果不明确这一点，人就会不断地把过去的经验当成现在问题的原因。

能够从巨大的打击中迅速振作起来的人与无法做到这一点的人，两者之间的区别并不在于所受打击的程度大小。正如我们刚才所说的，如果一个人在经历某件事情之前，本来就没有以积极的态度去解决自己所必须解决的问题，那么他肯定会把自己所经历的这件事当作逃避问题的理由。

放手未来

我在照顾患了老年痴呆症的父亲的时候，有一天父亲忽然说："想来想去，接下来的人生可是比以前更短了。"这是当然的。但从父亲口中听到这样的话，不禁令我想到，确实，父亲也不可能再有十年二十年的时光和我一起度过了。

　　在我身为咨询师的职业生涯中，无论前来咨询的人有什么样的问题，有一点是我必须向他们传达的，那就是不要考虑未来，活在"当下"。通常，病中的父亲不会想起过去，也不会考虑未来，恰恰是活在"当下"的。但那天他突然说起今后的人生，我便知道那层弥漫在他意识世界里的大雾又散开了。

　　我曾遇到过一位女士前来咨询，她的丈夫身患重病，现在病情还算稳定，但不知何时还会发作，她因此十分不安。谁也不知道疾病什么时候会再次发作，当然再也不发作的可能性也是有的，既然如此，我们就只能抛却对疾病再次发作的恐惧，充实地度过眼前的日子。如果真的再次发作了，也只能等到那个时候再做打算。因为如果自己无法做出决定，那么为未来而感到不安也是没有意义的。

　　如果医生说经过治疗可以保住一命，但还是有可能再次发病，病人就会对这句话耿耿于怀。我的医生就对我说十年后还有必要再做一次手术。听了他的这句话之后，我对今后将要度过的十年本身就充满了恐惧，却根本就没有想到，也可能还不到十年，我的病就会再次发作，或者反过来说，可能十年后我的病就好了，不需要再动手术了。

连医生也不知道这些事情发生的概率。不仅仅是疾病，其他的事情也是一样，如果一味考虑将来的可能性，那就无法享受此时此刻的快乐了。

很多人因为孩子不愿意上学而苦恼。不知道哪一天，孩子才会去上学；但是比起这一点，更重要的应该是与孩子一起和睦地活在当下。

不要把明日当成今日的延续

明日是会到来的。一般来说没有人会怀疑这一点。但经历过大病的人就会领悟，明日也可能再也不会到来。他们反而会惊讶，自己在健康时居然从来没有考虑过这一点。不仅是自己，家人病倒的时候也一样。疾病会成为一个契机，令他们意识到，明日即便到来，也不再是今日的延续了。

除了生病的时候以外，日常生活的其他时候我们也必须明白这一点。

但仍然有很多人对明日的确定性深信不疑，认为能够预见今后的人生。比如，年轻人的人生计划就常常令我惊讶。他们真的已经看得那么长远了吗？之所以会这样，原因之一是他们坚信明日的确定性，原因之二则是，他们目前的人生是黯淡无光的。如果"当下"已被人生的聚光灯照亮，那么相较之下，未来就应该还隐在黑暗中无法看清。

当然，像生病或遇到灾难的时候那样，一点也无法预料明日的情况是很可怕的。在我们相信明日十有八九会到来的时候，明日确实到来了，这样的人生显然更让人安心。

我们所度过的每一天都不是在单纯重复着相同的事情，即使我们已经决定好了每日生活的大致流程，今日与昨日也绝对不会相同。如果能这样想，那么在我们眼中，人生也就会变得不同。

如果我们能以这样的心情开始新的一天，那么就不会一味期待明日的到来，而会首先过好今日。如果这一天是充实的，那么我们也不至于被今日未完成之事夺去全部的注意力。如果能这样生活，我们就不会拘泥于人生的长度，也许不知不觉间，忽然有一天我们就会突然发现原来自己已经活了那么久。当然，长寿也只是一个结果罢了，其本身并不能成为我们生活的目标。

即便是能够在当下感受到微小幸福的人，也会担忧这样的幸福不知能够持续到何时。一想到也许某一天会失去它们，他们也会害怕，难免会觉得，与其到时候要面对失去，还不如从一开始就不要感受到。

怎样才能从这种恐惧中逃离呢？其实，最重要的一点就是，不要去考虑现在的幸福是否能够持续。我们不知道明天是否也是幸福的，尽管如此，当下我们感受到的幸福也不是没有意义的。本来我们就不应该把人生的赌注押在也许不会到来的明日之上。

其实，那些害怕幸福不能继续的人，与其说是担心幸福本身无法持续，倒不如说他们是害怕那些所谓的"构成幸福的要素"无法持续，比如财富、社会地位、健康等。财富、社会地位和健康都有可能一瞬间就消失。然而，正如我们在前文中讨论过的，这些被认为是构成幸福的要素的东西，其实并不会使人格外幸福或不幸，既然如此，那么幸福也就无从失去了。

如果能这样想，那么我们就没有必要害怕未知的未来，也就没有必要担心会失去当下的幸福了。

拥有无限的时间

放手未来，不去担心幸福是否能继续——为了做到这一点，我们应该把注意力集中到当下的时光，充实地过好每一天。

我们在前文中提到过的哲学家森有正曾经引用过里克尔的话。他说："不要慌张。就像里克尔说的那样，未来我们拥有无限的时间，要冷静，只有这样才能创造出高质量的作品。"（《日记》）

森有正指的是艺术作品。我们不能催促艺术的诞生，艺术必须是成熟的，在那以前需要细心孕育，决不能着急。

人生也是一样，就像"高质量作品"的诞生，我们为了度过有价值的人生，也要告诉自己，未来还有无限的时间，我们应该不紧不慢地生活。即便明日是未知的。

搭桥手术前的那晚，我说，如果我现在已经七八十岁了，可能就不会做这个手术了。一位主刀医师惊讶地问："为什么？"当时我说这句话，是因为突然想到，手术后如果剩下的人生同样非常短暂，那就没有做手术的必要了。但那时候的我其实是把手术后的人生看成了一条直线的轨迹，而并非时时刻刻都在产生和完成的现实运动（Energeia）。

有人问法国哲学家桑·吉顿（Jean Guitton），人是否能够永远年轻，他回答道："只要你相信自己拥有永远。"（《我的哲学遗言》）

"拥有永远"和里克尔的"拥有无限的时间"有着异曲同工之妙。能够以这种心态生活的人，不仅能够创造出优秀的作品，而且其本身往往衰老得很慢。

当然，年老是不可避免的，但我们不能只关注年龄本身，这就好比与疾病斗争的人反而更应该把注意力从疾病上转移到其他对自己来说更重要的事情上，换句话说，就是活在超越时间的层面上，如果能这样做，那么我们就能永远活得生气勃勃。

桑·吉顿的问答还有后续。

"那么认为自己已经老了的人呢？"

"他们大概不相信永远吧。"（《我的哲学遗言》）

当然，人无法避免年老和疾病，年轻人也可能身体衰弱或行动不便。但是如果我们能放下对年龄的关注，不再拘泥于剩下的寿命，而把全部注意力都集中到当下必须做的和能够做到的事情上来，那么我们的人生也将变得不同。

与死对峙

十年前的某个早上，我忽然不能呼吸，很快被救护车送到医院，立刻就被诊断为心肌梗塞。那时我虽然不太清楚这到底是一种什么样的病，但从当时现场的紧张气氛也能猜到它是致命的。我想着，如果那么早就死了，那也太凄惨了吧。但其实我并不认为自己真的会死。

濒死之人也会抱着一定能得救的希望而挣扎。而被宣判了死刑的人的痛苦则在于已经断绝了生的希望，因此从这层意义上来说，他们比濒死之人更加痛苦。

也许有人会说，人终有一死，所以我们本质上和被判了死刑的人是一样的。但是普通人不知道自己的死期，而被判死刑的人则已经知晓，在不久的将来自己必死无疑。两者之间当然有着本质的差别。

有人说，人是必死的生物，我们必须接受这个现实，抛弃不死的希望。会说出这种话的人一定没有经历过重病、事故和灾难，不曾与死亡对峙吧。如果他们自己生一场重病，可能就会明白，人在危难时刻渴望得救的心情绝不是不现实的，也绝不是过分乐观的。

我想，正是因为有了这样的希望，人才能直面死亡这一不可避免的现实，坚强地活下去。

其实，为了能够正视死亡，我们需要在一定程度上关注死亡本身。但是如果这种关注过了度，反而会引发我们对死亡过分的恐惧，从而令我们难以直面这一人生中我们必须应对的课题。

无论死亡的本质是什么

谁都不知道死亡到底是什么。也许它并不可怕，反而是一切事物中最美妙的。（柏拉图，《苏格拉底的申辩》）

我们惧怕死亡，正是因为我们明明不知道它的本质，却以为自己知道。

我们明明不知道死的本质，但我们生活的方式却是受它的限制的，岂不怪哉。如果人死后就成虚无，而这世间的善行都没有回报，难道人就不行善了吗？

在与恋人共度愉快而充实的时光的时候，我们无暇顾及下一次能否见面，可能在与恋人分别之后才想起，原来刚才忘记约定下次见面的时间了。但如果是不满足于刚才和恋人共度的时光的人，就会纠结于下一次见面的约定，对他们来说，分别时必须约好下次见面的时间，如果对方告诉他们暂时见不了面，那么他们就会变得十分焦虑。

与恋人共度的时光如果是充实的，那么相见的时候就不会特别去考虑下一次约会的时间，即便这次相会不能保证下一次一定还能相见。同样，这一生如果是充实的，那么在我们活着的时候就不会去考虑在人生尽头等待着我们的死亡。

但我们虽然不知道死亡是什么，有一点却是清楚明白的，那就是与死去的人不可能再次相遇。佛教说爱别离，是人生无法避免的一大苦。

即便最后都要遭遇这样的离别，也不能为此改变我们生活的方式。正因最终要与我们深爱的人分别（未必是死别），我们能做的就是在今日的时间里，竭尽全力地去爱我们所爱的人，努力度过充实圆满的人生。

从痛苦中振作的勇气

认为人生会和自己所设想的一样顺利的人一定没有经历过任何挫折。受过挫折才会明白人生不总是如意的，人也是从这时起才会开始认真思考人生。

人只要活着，就不可能一帆风顺，也不可能永远不遇到任何困难和不幸。即便过去从未有过痛苦的经历，未来也无法保证继续平顺下去。

撇开不幸的本质到底是什么不谈，人活一世，必然会遇到不幸的事件。

衰老、疾病和死亡，谁也无法避免。而佛教更是把活着本身以及人的出生视为一种苦难。

苦难和悲伤会把人击垮。但只要人还得继续活下去，就必须从悲痛中走出来，正视现实，并且思考自己怎样才能在这现实中生活。

但这苦难不仅仅是苦难。这就好比鸟在空中飞翔的时候需要一定的空气阻力。鸟在真空中是不能飞行的。当然了，如果阻力过大，鸟也无法前进。

有的人认为世界上一切事物的发生都有意义，他们希望借由这样的想法克服苦难，治愈悲伤。但是，这世上却有无辜的人被暴徒杀害，有人年纪轻轻就不幸病倒，还有人被地震和海啸夺去生命，这些事的发生很难让人觉得是有意义的，反而会让人感到毫无道理，而且，我们完全无法预防这些无缘无故发生的悲剧。

如果一切事件的发生都是有意义的，那么如今这个世界就应该被肯定。但实际上，这世界充满了各种各样的恶，如果不讲理的事情也被赋予肯定的意义，恶的存在也被无视，这无疑是自欺欺人的行径。

尽管如此，人仍然拥有战胜苦难和不幸的力量。只要拥有这力量和勇气，我们就能超脱不合理，发现人生的意义。

过去，在我病倒的时候，我并没有从生病这件事本身找到任何意义，但却在从战胜疾病恢复的过程中，获得了许多人的帮助，感受到了人们的温柔善良，显然，这些才是改变了我今后生活方式的契机。

当下就能幸福

到此为止，我们从两个方向回答了"幸福是什么"这个问题。首先，幸福和幸运是不同的，人不是因为经历了某件事而变得幸福或不幸，而是当下就已经是幸福的。这一点正好与以下两个观点呼应：人的价值不在于生产率，而在于存在本身；除了此刻的自己，我们不能成为任何其他人。踏上寻求幸福之旅却哪儿也找不到幸福，失落地回到家中，才发现原来最初幸福就已存在。因此我们没有必要奔赴远方，或者说在人生的未来寻找幸福。

我们在讨论刚开始的时候引用了梭伦的话："人只要活着，就不会幸福。"在索福克勒斯的《俄狄浦斯王》中也出现了与这句话意思相同的话。

俄狄浦斯出生前，他的父亲获得一则神谕："你将被你即将出生的孩子杀死。"因此他出生后不久，父亲就下令把他丢弃。后来他成为了忒拜王，但神给忒拜降灾，只有找出杀死前忒拜王的凶手才能平息灾难。

结果，俄狄浦斯发现自己原来正如预言所说，在不知

207

情的情况下杀死了身为前忒拜王的父亲，并娶了前王的妻子即他自己的母亲为妻。绝望的俄狄浦斯以短剑刺瞎双目，到各个国家流浪。

"因此当应死之人等着瞧那最末的日子的时候，在他还没有得到痛苦的解脱，还没有跨过生命的界限之前，不要说一个凡人是幸福的。"（索福克勒斯，《俄狄浦斯王》）

然而，如果不等待"最末的日子"，难道人就真的不能被称为是幸福的吗？

在第1章中我们引用了克洛伊索斯和梭伦的对话。克洛伊索斯拥有绝顶的荣华富贵，梭伦却没有把他选为最幸福的人，他对此很是不满，于是质问梭伦："你认为我的幸福毫无价值吗？"梭伦回答，人在漫长的一生中会看到许多不想看到的东西，也会遇到许多不想遇到的事情。无论什么样的幸运，也不知道究竟能持续多久。所以直到一个人死前，我们都不能断言他是否是幸福的人。

"人间万事只是偶然而已。"

后来，吕底亚在与波斯王国的战争中失败。克洛伊索斯作为吕底亚的王被俘，他被绑在柴堆上，要被处以火刑。这时克洛伊索斯突然想起梭伦的话：

　　"人只要活着，就不会幸福。"

　　柴堆已被点燃，克洛伊索斯终于明白梭伦的话就是专为自己送来的神谕，当下深深地叹息，随即悲声呼喊了三次梭伦的名字。

　　波斯王居鲁士便让翻译问他喊的是谁。克洛伊索斯讲述了自己和梭伦的故事，居鲁士听后心想自己也不正把克洛伊索斯当成不如自己幸福的人，而且还要用火烧死他吗？领悟到这世上没有什么事是一成不变的，居鲁士不禁害怕遭到报应，于是命令手下灭火，但已经太迟了，人们无法阻止汹涌的火势。

　　但故事到此还没有结束。克洛伊索斯含泪大喊阿波罗的名字，这时原本万里无云、一丝风也没有的天空忽然乌云密布，暴风雨降临，转眼浇灭了火焰。

　　然而，这说到底也是个被过度修饰了的故事。克洛伊索斯的人生成了一个拥有幸福结局的故事，仿佛结局好，一切就好。但这样一来，梭伦的"人只要活着就不会幸福"这句话的含义就变成了单纯的"直到一个人死之前，我们都不知道他能不能维持着幸运的状态死去"了。这

就不是一个关于幸福的故事了，而是一个关于幸运的
故事。

像克洛伊索斯那样从国王沦为囚徒的例子并不多见，
但不少人都可能会失去金钱和名誉，我们应该在两者之外
思考自己的幸福与不幸。幸运与幸福不同，它是依存于外
部因素的。比如获得金钱就是一种幸运。用弗洛姆的话来
说，金钱是可以"占有"的东西，而只以"存在"这一
形式的幸福无法被占有，反过来说，既然无法占有，那么
也就无从失去。

克洛伊索斯失掉了他的国家，但是以此为代价，他获
得了人生的智慧，这么看来，或许他虽不能说是幸运的，
却能说是幸福的。但是，如果说这智慧指的不过是"人
间万事只是偶然而已"，他虽然免于火刑，在那个时点
上，也许却并不幸福。因为他的幸福仅仅依存于偶然性
罢了。

危急关头，不可能每一次都会下起雨来，熄灭火焰。
倒不如说，那其实就是令人难以置信的偶然。克洛伊索斯
的帝国不复存在，然而，无论发生什么，我们却不会失去
幸福。

后　记

十年前，我因心肌梗塞住院。我的儿子赶来医院，见到我后说了这样一句话：

"幸好病的是你。"

那一年，儿子刚上大学。如果生病的不是我而是身为家中经济支柱的妻子，那他就可能不得不辍学了。我那时只是个兼课教师，一周只教几次课，在经济上对家里没什么贡献，所以他说幸好病的是我。

但我立刻就明白了，这是儿子与众不同的关心方式。他其实是想说，不要担心工作的事了，好好休养身体吧。这令我忽然想起自己中学时，父亲得了肝炎，住院很长一段时间。那时我也去看他，可我已经不记得和他说了什么，应该不是一直沉默着的吧。我一直觉得自己和父亲关系不好，但是如果真的关系不好，那我还会去看望他吗？

幸好，一个月后我出院了，第二年接受了心脏搭桥手术，一直到今天也没有再发作。不过，那之后的好几年，我都必须减少工作量，并且彻底重塑自己的生活方式。儿子的话，把我从迫切希望回到工作中去的焦虑中解放了出来。

也是从那时候开始，我不再纠结自己到底想做什么、能做什么、作为生产力的价值何在。曾经我也有一份正式的教职工作，但那时在成功的野心驱使下我拼命工作，却累坏了身体，不得不辞职，后来就因为心肌梗塞倒下了。我的野心落空了。

时至今日，虽然偶尔我也会对以"其实我这样也算是在工作"之类理由自我安慰的自己露出无奈的苦笑，但是自从我接受了"即使一事无成，现在的我也很好"这个想法，卸下了肩上的负担以来，我的心情确实轻松了很多。

在本书的开头，我写道，正因为自古以来哲学家都无法看清幸福的本质，所以我才下定决心，首先一定要让自己幸福起来。那么，我到底得到幸福了吗？对于这个问题，我已经用了整本书的篇幅来进行了回答，我想至少我能说自己已经明白：我"是"幸福的。

长年以来，"幸福"对我来说都是思考的主题，这一次我又有了许多新的发现。其中有一点令我十分惊讶，那就是原来我一直以来说的都是"'变得'幸福"。"变得"幸福或者"能够变得"幸福，这种说法的前提是当下不幸福。成功、名誉和财富等因素并非幸福的必要条件。拥有这些当然不是坏事，但是幸福不用非得等到某个理想实现之后。人本来就"是"幸福的。过去发生的事既不是幸福的理由，也不是不幸的理由。

人不用"变得"幸福，因为人本来就"是"幸福的，观念的改变也会使我们生活方式改变。其实，最好的生活态度就是，活在当下。我已经做了很多年心理咨询的工作了，对于那些怀着各种问题前来咨询的人，可以说除了劝他们活在当下，我也给不出别的什么更有效的建议了。

有问题也好，生病了也好，现实与理想不同也好，无论在何种情况下，都不能忽视与他人共存于这一刻的喜悦。即使未来不一定有成就，我也想要好好品味活在当下的幸福。

本书的编辑山崎比吕志先生与我进行了许多次讨论。他是个十分有趣的人，就连与本书无关的内容，我们也常常相谈甚欢，以至于忘了时间。其实，那些话题并非真的与本书主题无关，它们经常令我灵光乍现。在与他的交谈中我记下了许多灵感，如果只有我一个人是想不到这些好主意的。为此我深深地感谢他。

岸见一郎

参 考 文 献

［1］Adler, Alfred. *Adler Speaks: The lectures of Alfred Adler*, Stone, Mark and Drescher, Karen eds., iUnivere, Inc., 2004.（阿尔弗雷德·阿德勒《阿德勒如是说：阿尔弗雷德·阿德勒讲座》凯伦·德雷舍，马克·斯通编，iUniverse，2004年。）

［2］Burnet, J. Ed. *Platonis Opera*, 5 vols., Oxford University Press, 1899–1906.（柏拉图《柏拉图著作集》（全五卷）约翰·伯内特编，牛津大学出版社，1899—1906。）

［3］Buber, Martin. *Ich und Du*, Verlag Lambert Schneider, 1977.（马丁·布伯《我与汝》，Verlag Lambert Schneider，1977年。）

［4］Hude, C, ed. *Herodoti Historiae*, Oxford University Press, 1908.（希罗多德《历史》卡尔·胡德编，牛津大学出版社，1908年。）

［5］Ross, W. D. *Aristotle's Metophysics*, Oxford University Press, 1948.（W. D. 罗斯《亚里士多德形而上学》，牛津大学出版社，1948年。）

［6］アドラー、アルフレッド『生きる意味を求めて』岸見一郎訳、アルテ、二〇〇七年（阿尔弗雷德·阿德勒《生活的意义》岸见一郎译，ARTE，2007年。）

［7］アドラー、アルフレッド『教育困難な子どもたち』岸見一郎訳、アルテ、二〇〇八年（阿尔弗雷德·阿德勒《难以教育的孩子们》岸见一郎译，ARTE，2008年。）

[8] アドラー、アルフレッド『人間知の心理学』岸見一郎訳、アル
テ、二〇〇八年(阿尔弗雷德·阿德勒《人类智慧的心理学》岸
见一郎译, ARTE, 2008 年。中文版:《洞察人性》或《理解人
性》)

[9] アドラー、アルフレッド『人生の意味の心理学(上)』岸見一
郎訳、アルテ、二〇一〇年(阿尔弗雷德·阿德勒《人生意义的
心理学(上)》岸见一郎译, ARTE, 2010 年。中文版:《超越自
卑》或《自卑与超越》)

[10] アドラー、アルフレッド『人生の意味の心理学(下)』岸見一
郎訳、アルテ、二〇一〇年(阿尔弗雷德·阿德勒《人生意义
的心理学(下)》岸见一郎译, ARTE, 2010 年。中文版:《超越
自卑》或《自卑与超越》)

[11] アドラー、アルフレッド『個人心理学講義』岸見一郎訳、アル
テ、二〇一二年(阿尔弗雷德·阿德勒《个体心理学讲义》岸
见一郎译, ARTE, 2012 年。中文版:《阿德勒心理学讲义》)

[12] アドラー、アルフレッド『人はなぜ神経症になるのか』岸見一
郎訳、アルテ、二〇一四年(阿尔弗雷德·阿德勒《人为何会得
神经症》岸见一郎译, ARTE, 2014 年。中文版:《神经症问题》)

[13] アドラー、アルフレッド『子どもの教育』岸見一郎訳、アルテ、二
〇一四年(阿尔弗雷德·阿德勒《儿童教育》岸见一郎译, ARTE,
2014 年。中文版:《儿童的人格教育》或《儿童教育心理学》)

[14] ヴェーユ、シモーヌ『ギリシアの泉』冨原真弓訳、みすず書
房、一九八八年(西蒙娜·薇依《希腊之泉》冨原真弓译,
MISUZU 书房, 1988 年。)

[15] エンゲルハート、H.T、ヨナス、H 他『バイオエシックスの基
礎』加藤尚武·飯田亘之編、東海大学出版会、一九八八年
(H·T·恩格尔哈特, H·尤纳斯等《生命伦理学基础》加藤
尚武, 饭田亘之编, 东海大学出版会, 1988 年。)

［16］加藤周一『『羊の歌』余聞』筑摩書房、二〇一二年（加藤周一《〈羊之歌〉余闻》筑摩书房,2011年。）

［17］岸見一郎『アドラー心理学入門』KKベストセラーズ、一九九九年（岸见一郎《阿德勒心理学入门》KK bestsellers,1999年。）

［18］岸見一郎『よく生きるということ』唯学書房、二〇一二年（岸见一郎《活得好》唯学书房,2012年。）

［19］岸見一郎、古賀史健『嫌われる勇気』ダイヤモンド社、二〇一三年（岸见一郎,古贺史健《被讨厌的勇气》DIAMOND社,2013年。）

［20］岸見一郎『生きづらさからの脱却』筑摩書房、二〇一五年（岸见一郎《我不想活得这么累》筑摩书房,2015年。）

［21］岸見一郎、古賀史健『幸せになる勇気』ダイヤモンド社、二〇一六年（岸见一郎,古贺史健《变幸福的勇气》DIAMOND社,2016年。）

［22］岸見一郎『人生を変える勇気』中央公論新社、二〇一六年（岸见一郎《改变人生的勇气》中央公论新社,2016年。）

［23］岸見一郎『三木清『人生論ノート』を読む』白澤社、二〇一六年（岸见一郎《读三木清〈人生论笔记〉》白泽社,2016年。）

［24］岸見一郎『アドラーに学ぶ　よく生きるために働くということ』KKベストセラーズ、二〇一六年（岸见一郎《学习阿德勒心理学:为了活得好而工作》KK bestsellers,2016年。）

［25］木田元『偶然性と運命』岩波書店、二〇〇一年（木田元《偶然性与命运》岩波书店,2001年。）

［26］北森嘉蔵『神の痛みの神学』講談社、一九八六年（北森嘉藏《神痛神学》讲谈社,1986年。）

［27］北森嘉蔵『聖書の読み方』講談社、二〇〇六年（北森嘉藏《圣经解读》讲谈社,2006年。）

［28］ギトン、ジャン『私の哲学的遺言』二川佳巳訳、新評論、一九九九年（桑·吉顿《我的哲学遗言》二川佳巳译,新评论,1999年。）

217

[29] クリシュナムルティ『子供たちとの対話』藤仲孝司訳、平河
出版社、一九九二(克里希那穆提《与孩子们的对话》藤仲孝
司译,平河出版社,1992 年。)

[30] サン＝テグジュペリ『人間の土地』堀口大学訳、新潮社、一九
九八年(圣-埃克苏佩里《人类的大地》堀口大学译,新潮社,
1998 年。)

[31] 島本慈子『戦争で死ぬ、ということ』岩波書店、二〇〇六年
(岛本慈子《死于战火》岩波书店,2006 年。)

[32] ソポクレス『オイディプス王』藤沢令夫訳、岩波書店、一九七
六年(索福克勒斯《俄狄浦斯王》藤泽令夫译。岩波书店,
1976 年。)

[33] ドストエフスキー『カラマーゾフの兄弟』原卓也訳、新潮
社、一九七八年(陀思妥耶夫斯基《卡拉马佐夫兄弟》原卓也
译,新潮社,1978 年。)

[34] フランクル、ヴィクトール『それでも人生にイエスと言う』
山田邦男、松田美佳訳、春秋社、一九九三年(维克多・弗兰
克尔《即便如此也要对人生说 YES》山田邦男、松田美佳译,
春秋社,1993 年。中文版:《论精神障碍的理论与治疗》)

[35] フランクル、ヴィクトール『宿命を超えて、自己を超えて』山
田邦男、松田美佳訳、春秋社、一九九七年(维克多・弗兰克
尔《超越宿命,超越自我》山田邦男、松田美佳译,春秋社,
1997 年。中文版:《活出生命的意义》)

[36] プルタルコス『プルタルコス英雄伝(中)』村川堅太郎編、筑
摩書房、一九九六年(普鲁塔克《普鲁塔克英雄传(中)》村川
堅太郎编,筑摩书房,1996 年。中文版:《希腊罗马名人传》)

[37] フロム、エーリッヒ『生きるということ』佐野哲郎訳、紀伊国
屋書店、一九七七年(埃利希・弗洛姆《所谓生存》佐野哲郎
译,紀伊国屋书店,1977 年。中文版:《生存的艺术》)

[38] フロム、エーリッヒ『愛するということ』鈴木晶訳、紀伊国屋書店、一九九一年（埃利希·弗洛姆《所谓爱》铃木晶译,纪伊国屋书店,1991 年。中文版:《爱的艺术》）

[39] ベルク、ヴァン・デン『病床の心理学』早坂泰次郎、上野矗訳、現代社、一九七五年（范登伯格《病床心理学》早坂泰次郎、上野矗译,现代社,1975 年。）

[40] 北条民雄『いのちの初夜』角川書店、一九七〇年（北条民雄《生命的初夜》角川书店,1970 年。）

[41] 三木清『人生論ノート』新潮社、一九七八年（三木清《人生论笔记》新潮社,1978 年。）

[42] 三木清『三木清全集』岩波書店、一九六六年～一九六八年（三木清《三木清全集》岩波书店,1966 年～1968 年。）

[43] 森有正『ドストエーフスキー覚書』筑摩書房、二〇一二年（森有正《陀思妥耶夫斯基笔记》筑摩书房,2012 年。）

[44] 森有正『日記』（『森有正全集 13』筑摩書房、一九八一年所収）（森有正《日记》（《森有正全集 13》筑摩书房,1981 年收录）。）

[45] 八木誠一『ほんとうの生き方を求めて』講談社、一九八五年（八木诚一《真正的生活态度》讲谈社,1985 年。）

[46] 八木誠一『イエスと現代』平凡社、二〇〇五年（八木诚一《耶稣与现代》平凡社,2005 年。）

[47] ラエルティオス、ディオゲネス『ギリシア哲学者列伝』加来彰俊訳、岩波書店、一九八四年～一九九四年（第欧根尼·拉尔修《希腊哲学家列传》加来彰俊译,岩波书店,1984—1994。中文版:《著名哲学家传》）

[48] 『聖書』新共同訳、日本聖書協会、一九八九年（《圣经》新共同译,日本圣经协会,1989 年。）